Ueber Insectenschaden in den Wäldern, die Mittel ihm vorzubeugen und seine Nachtheile zu vermindern.

Von

Dr. W. Pfeil,

Ober-Forstrath und Professor.

Berlin,

im Verlage bei J. W. Boicke.

1827.

Vorwort.

Das Leben ist kurz, die Wissenschaft unendlich! Länger als ein Vierteljahrhundert habe ich Gelegenheit gehabt die Forstinsecten und ihre Verheerungen zu beobachten, sie sorgfältig benutzt, und doch weiß ich oft wenig zu rathen um diese immer zu verhüthen. Alle Schriften diesen Gegenstand betreffend, habe ich vielleicht gelesen, und noch weniger darüber darin gefunden, was mir genügte.

Schreitet unser Wissen so langsam fort, so muß jeder Beitrag es zu vermehren wünschenswerth sein, sei er auch nur klein. — Der Gegenstand ist zu wichtig um ermüden zu dürfen, da wir schon bis zur Hoffnung gelangt sind diesem Uebel Schranken zu setzen, können wir sie um so weniger fallen lassen.

Darin mögen diese wenigen Blätter ihre Rechtfertigung finden, wenn durch sie ein Versuch gemacht wurde das Bekannte zu sichten, manches weniger Beachtete hinzuzufügen, um die Aufmerksamkeit zur weitern Forschung darauf zu lenken.

Das was sie enthalten beruhet größtentheils auf eigner Erfahrung. Nichts kann mir erwünschter sein als dessen Berichtigung und Vervollständigung — dadurch gewinnt nur die Wissenschaft. — Wo andere Schriftsteller benutzt sind, vorzüglich Bechstein und Müller, ist es gewöhnlich bemerkt. — Wo abweichende Meinungen gegen die frühern aufgestellt sind, ist es nur nach deshalb erlangter voller Ueberzeugung geschehen.

Mögen die Unbefangenen prüfen, die Befangenen mit dem Urtheile zögern bis sie geprüft haben.

der Verfasser.

Allgemeine Ansichten über Insektenschaden in den Wäldern.

Aus dem Allgemeinen muß man das Besondere ableiten, darum werfen wir zuerst einen Blick auf jenes, ehe wir zu diesem übergehen. —

Es geschiehet nichts Neues unter der Sonne! So sind auch die von Zeit zu Zeit eintretenden Verheerungen des Waldes durch Insekten nicht eine Erscheinung der neueren Zeit. Im 17ten Jahrhundert verlor der Harz seine ganzen Nadelholzbestände durch den Borkenkäfer, im 16ten starben in den Marken viel Kieferforsten durch Raupenfraß ab. Doch scheinen vorzüglich die Kieferraupen in der neueren Zeit häufiger, gefährlicher zu werden, was die höchste Aufmerksamkeit verdient.

Forschen wir den möglichen Ursachen davon nach, denn nur wer diese kennt und hinwegräumt, kann die Wirkungen verhüten. —

In der Natur wirken zwei Principe ewig gegen einander — das der Vermehrung und das der Vertilgung. Alles sucht sich zu vermehren — vom Lebenden bis auf das Leblose herab — und wird eben dadurch wieder von Anderem vermindert, vertilgt oder zerstört, da die Vermehrung des Einen nur auf Kosten des Andern geschehen kann. Nur allein dadurch wird es der Natur möglich, das Gleichgewicht herzustellen, Alles zu erhalten, Nichts ein solches Uebergewicht gewinnen zu lassen daß das Andere untergehen muß. Nur der Mensch scheint bevorrechtet zu sein dieses Uebergewicht gewinnen zu können. Nicht ohne Nachtheil für ihn selbst geschieht dies, denn er stört dadurch das zur Erhaltung des Ganzen nöthige Gleichgewicht.

Aus diesen allgemeinen Bemerkungen wird sich die häufigere und stärkere Erscheinung der Kieferraupen sehr gut erklären lassen.

Das ausgebildete Insect, die Puppe, Larve und Eier, dienen einer großen Menge von Thieren zur Nahrung. Vermindern sich diese bei zunehmender Bevölkerung, so müssen sich die Raupen vermehren. Wenn aus einem Paare in wenig Jahren Millionen entstehen, so wird die Entstehung dieser Millionen verhindert, wenn dies Eine Paar von einem Vogel schon im Eie verzehrt wird. — Sind so viel Feinde eines Thieres vorhanden, daß seine ungewöhnliche Vermehrung im Anfange erstickt werden kann, so ist diese auch nicht zu fürchten. Wir sehen dies überall täglich. Wo viel Raubthiere sind kann keine ungewöhnliche Vermehrung des Wildes statt finden, kaum erhält es sich in geringer Menge. Wo Füchse, Katzen, Eulen und andere sich von Mäusen nährende Thiere vertilgt werden, vermehren sich diese schnell zu einer ungeheuren Menge. Die Vertilgung der Krähen führt die Vermehrung der Maikäfer, Maulwurfsgrillen und ähnlicher, auf dem Felde schädlich werdenden Insekten herbei. Dies geschieht desto rascher, je stärker das Productionsvermögen der Insecten ist. Es ist aber die weise Einrichtung der Natur, daß alle Thiere sich in demselben Verhältnisse stärker vermehren, jemehr ihre Bestimmung ist andern zur Erhaltung zu dienen. Auf die Ernährung durch Insekten sind viele andere Thiere angewiesen, darin liegt schon die Bedingung daß sie sich stark vermehren müssen.

Können wir uns über die Vermehrung der Kieferraupen wundern, wenn unsere Zugvögel, die sich von ihnen nähren, in Italien auf ihren Wanderungen so vertilgt werden, daß auf vielen Quadratmeilen der Lombardei nicht mehr der Laut eines Vogels zu hören ist, wenn jedes Gehölz bei uns mit Dohnen bedeckt ist, der kleinste Vogel nicht mehr tausendfachen Nachstellungen zu entgehen weiß? — Wenn jeder Ameisenhaufen zerstört wird, wenn Fuchs, Marder, Iltis, Wiesel, Schweine beinahe ausgerottet werden? — Suchen wir das Gleichgewicht in der Natur zu erhalten, wie sie es angeordnet hat, und wir werden uns nicht mehr über seine Störung und deren nachtheilige Folgen beklagen dürfen. Wir dürfen dazu nicht die Thiere schonen, welche uns auf eine andere Art noch nachtheiliger als vortheilhaft durch die Vertilgung der Forstinsecten sind! lassen wir nur diejenigen ungestört sich vermehren, welche uns den größten Nutzen durch ihr Leben gewähren.

Das ist nichts Neues, nein etwas sehr Bekanntes, aber deshalb noch nichts Ueberflüssiges! Unter dem 26sten Aug. 1796 und dem 15ten Juli 1800, ist die Sammlung der Ameiseneier in Preußen gesetzlich untersagt, weil es längst anerkannt ist, daß die Ameise außerordentlich zur Vertilgung der Raupen beiträgt, aber dennoch werden diese fortwährend eben so öffentlich gesucht als verkauft, ohne daß die Forstbedienten oder Polizeibeamten das Gesetz zu kennen scheinen. Unter dem 26sten Aug. 1799 ist das Wegfangen der Insecten fressenden Vögel, und namentlich der Krametsvögel streng verbothen, das Gesetz besteht in voller Kraft, aber diejenigen welche über dessen Befolgung wachen sollen, bedecken die Kieferforsten ganz unbefangen mit Dohnen, essen eben so ruhig die Verzehrer der Kieferraupen, als diese wieder die Nadeln verzehren und die Forsten vernichten. Fürwahr, neue Gesetze sind wenig mehr nöthig, wenn nur die alten befolgt würden. Sie werden es nicht, weil oft die Gesetzgebung der Erkenntniß im Volke voraus eilt — wir bedürften sie kaum wenn die Ueberzeugung der Nützlichkeit im Volke lebte. Darum muß man nicht ruhen bis diese verbreitet ist.

Eine andere Ursache der größern Vermehrung dieser schädlichen Insekten, ist in der Trockenlegung vieler Gegenden, der Verminderung der Fruchtbarkeit des Waldbodens zu suchen. In feuchten Niederungen vermehren sie sich nicht, Wärme und Trokkenheit ist ihnen Bedürfniß. In demselben Verhältnisse wie die Sümpfe austrockneten, die Kälte aus dem Boden mit Abnahme der Feuchtigkeit verschwand, die durchlichteten Wälder mehr von der Sonne durchwärmt werden, stellen sich auch die Bedingungen zu ihrer Vermehrung vortheilhafter. Mit der verminderten Humusschicht in den früher unberührten Wäldern, vermindern sich auch die Laubhölzer in ihnen, welche der Vermehrung der Nadelholzraupen Schranken setzen. Die Buch- und Eichheiden verwandeln sich in Kiefern, ja die Erle räumt derselben ihre Stelle ein. Die Erfahrung lehrt zu dem, daß üppig wachsendes Holz den Raupen weniger zusagt als das auf ärmerm Boden. Je erschöpfter der Boden ist, desto günstiger wird er diesen Insecten.

Wenig oder nichts können wir thun um dies zu ändern. Aber es muß darauf aufmerksam gemacht werden, um darum desto ernstlicher die Vermehrung der Raupen zu verhindern. Der Glaube muß erschüttert werden: daß schon immer Raupen waren und fraßen, und wir dennoch Wald und Holz genug behielten. Je günstiger die Verhältnisse zu ihrer Entwickelung sich stellen, desto gefährlicher werden sie. Die Vergangenheit kann nur zu einer Schlußfolge für die Gegenwart benutzt werden, wenn die Verhältnisse von Sonst und Jetzt noch dieselben sind! —

Werfen wir noch einen Blick darauf: wo die Verheerungen dieser Insecten vorzüglich bemerkt werden? — Nur in sehr ausgedehnten geschlossenen Waldmassen. Die großen zusammenhängenden Fichtenforsten des Harzes und Preußens, litten an Wurmtrockniß, die unabsehbaren Kieferhaiden der Mark Brandenburg und angrenzenden Provinzen, fangen an den Raupenfraß als eigenthümliches Uebel zu besitzen. Wo die Nadelhölzer einzeln vorkommen, kennt man dies Uebel gar nicht, wo sie geringere Ausdehnung haben, zeigt es sich in kaum beachtungswerther, geringer Ausdehnung. Was sind die wenigen Joche, Morgen, Tagwerke, von denen man uns, als von Insecten beschädigt, in Süddeutschland erzählt, gegen die Quadratmeilen die Preußen in seinen Forsten veräußert siehet.

Die Erscheinung ist sehr einfach zu erklären.

Wo die Wälder und Nadelhölzer isolirt durch Wiesen, Aecker, Weiden, Laubholz sind, ist der Verbreitung des Uebels eine natürliche Schranke gezogen. Auf demselben Flecke wo Schaden zu fürchten ist, siehet man die Entwickelung aller Generationen zusammengedrängt auf wenig Morgen, die Kräfte zu ihrer Vertilgung stehen bei einer starken Bevölkerung im Verhältnisse mit dem Fortschreiten der Vermehrung. Ganz anders ist es auf hunderttausend Morgen wie auf hundert. Kaum bemerkt man die Vermehrung der auf diesen großen Flächen zerstreuten Insekten, und plötzlich treibt ein Wind die Schmetterlinge gegen eine bestimmte Richtung hin, der Raupenfraß ist mit einemmale auf einem Flecke wo sie sich sammeln vorhanden. Und wenn sie auch auf der Stelle bleiben wo sie sich vermehrten, was soll man auf diesen ausgedehnten Flächen thun. Wenn 10 Menschen einen Morgen genau in einem Tage absuchen, abschütteln können, so sind eine Million zu hunderttausend nöthig. Die Kurmark hat aber allein eine Million Morgen Staatsforsten, ungeachtet der großen Menge Städte- und Privatforsten! —

Auch diese Bemerkung ist nicht überflüssig. Es mögen sie diejenigen beherzigen welche für große zusammenhängende Forstflächen stimmen, welche in den Hieneinradungen in große geschlossene Waldmassen eine unzulässige Maaßregel sehen. Sie beschützen durch nichts so sehr die Verheerungen der Insekten, als durch dies Geschlossenhalten der Wälder — denn in durchschnittenen, von kultivirten Gegenden getrennten Wäldern, kennt man sie nicht.

Wo man Kräfte genug hat die bekannten Mittel zur Vertilgung der Insekten in der nothwendigen Ausdehnung anzuwenden, reichen diese jetzt schon hin um sie unschädlich zu erhalten. Wo die Anwendung unthunlich ist, helfen alle bekannte Mittel nichts. Die Möglichkeit der ersten zu bewirken, ist wichtiger als das Aufsuchen von neuen, der letztern.

Das ganze Geheimniß Insectenschaden zu verhindern liegt in den wenigen Worten: Man suche ihrer Vermehrung gleich im Anfange zuvorzukommen, nie eine solche zu gestatten daß sie nachtheilig werden könnte. Ein Pestkranker hat den Stoff zur Verbreitung der Pest in ganz Europa in sich, der Eine ist zu isoliren, sobald sich die Krankheit auf ihn beschränkt, ist man Herr derselben; über ein ganzes Volk verbreitet läßt sie sich nicht mehr beherrschen. Die Insekten sterben nicht aus, wenige sind die Stammältern von Millionen, die Vermehrung ist unter günstigen Verhältnissen ungeheuer steigend. Hundert Raupen im Jahre 1827 getödtet, rettet vielleicht im Jahre 1835 die Bestände vieler tausend Morgen. Müller in seiner Schrift über den Afterraupenfraß in Franken, berechnet die mögliche Vermehrung der Afterraupen von einem Pärchen in 10 Jahren bis auf 1,953,125,000,000,000 Pärchen, die wie er richtig bemerkt, alle deutschen Wälder nicht zu ernähren vermöchten.

Es ist aber dem Menschen eigen daß er weniger darauf denkt die Uebel die ihn treffen zu verhüthen, indem er ihre Ursache wegräumt, als daß er ihre Wirkungen verhindern will nachdem er die Ursachen nicht beachtet hat. Das erste ist aber nicht bloß klüger, sondern auch leichter als das zweite.

Darum sollte man mehr darauf denken die

Raupen zu vernichten wenn sie nicht da zu sein scheinen, als wenn sie schon im Uebermaße da sind. Wenn 100 Menschen einen Fleck rein absuchen und eine Metze Raupen finden, tödten sie vielleicht $\frac{9}{10}$ aller vorhandenen, und schützen denselben vollkommen für mehrere Jahre. Wenn aber bei ausgedehntem Raupenfraße große Massen Raupen durch noch zehnmal so viel Menschen getödtet werden, so ist dies kaum bemerkbar und hilft wenig oder gar nichts, es ist zuletzt eher eine Verschwendung von Geld und Kräften, als eine Nutzen bringende Anwendung derselben.

Wie nahe liegt uns der Beweis daß allein fortgesetzte Aufmerksamkeit auf die Vertilgung der Insekten, bevor sie überhand nehmen, gegen ihre Verheerungen schützen können, wenn man auf die Wirksamkeit der in dieser Hinsicht gegen den Borkenkäfer ergriffenen Maßregeln achtet. Durch unausgesetzte Zerstörung seiner Eier und Larven, läßt sich annehmen, daß man endlich dahin gekommen ist jede Wurmtrockniß zu verhüten! Wir werden dies unten näher betrachten, müssen aber schon jetzt auf das Wirksame dieser Maßregel hinweisen, da dieselbe so sehr zur Empfehlung einer gleichen in Bezug auf Raupenfraß dient.

Allerdings würde es Thorheit sein viel Geld und Kräfte aufwenden zu wollen um nach Raupen zu spähen, wenn die Gewißheit vorhanden ist, daß dieselben durchaus nicht in der Menge da sind, um nur eine gefährliche Vermehrung in der nächsten Zeit fürchten zu lassen, aber diese Gewißheit muß man sich wenigstens auf das Ueberzeugendste zu verschaffen suchen. Mit dem Augenblicke wo sich das

Herannahen der Gefahr ahnen läßt, indem die Raupen schon bemerkbar werden, muß jedoch auch alles was in den Kräften des Forstwirthes oder Forstbesitzers stehet angewendet werden, um die Vermehrung derselben zu hindern und sie zu vertilgen. Wenn sie einmal im Uebermaße vorhanden sind, hilft der Aufwand an Geld und Kräften häufig auch nichts. Es ist dann um so verzeihlicher ihn zu vermeiden, weil dann gewöhnlich das Aufhören des Uebels von selbst eintritt.

Wir wollen daher dasjenige zuerst betrachten was das Dasein der Raupen in solcher Menge, daß sie schädlich werden können, vermuthen läßt, und die Mittel zu ihrer Entdeckung nachweisen:

Eine längst gemachte Beobachtung hat uns gelehrt, daß warme, trockne Sommer die Vermehrung dieser Insekten besonders begünstigen, so wie naßkalte sie hindern. Doppelte Aufmerksamkeit ist daher anzuwenden, wenn jene mehrere Jahre hintereinander eingetreten sind.

Gewöhnlich zeigen sich die Raupen zuerst in 40 — 80 jährigem Holze, von nicht zu üppigem Wuchse, auf trocknem Sandboden. Der Kiefernspinner scheint dabei diejenigen Distrikte aufzusuchen, in welchen ihm eine dichte, aber trockne und lockre Moosdecke ein bequemes Winterlager für die Raupe darbietet. Die Forleule und Afterraupe beachten dies weniger. Mehr die geschlossenen Forsten werden zuerst von ihnen aufgesucht, als die Feldhölzer und Feldränder. — Schonungen werden von den gefährlichsten Raupen in der Regel erst angegriffen wenn kein anderes Holz mehr da ist, der Raupenfraß entwickelt sich in ihnen so wenig zuerst als in niedrigen bruchigen Gegenden, oder solche welche eine feste Graßnarbe haben. Orte, welche hiernach dem Raupenfraße am mehresten ausgesetzt sind, müssen am schärfsten im Auge behalten werden, die der Entwickelung der Raupen ungünstigern erfordern die Beachtung und Durchsuchung weniger.

Das erste und einfachste Mittel das Dasein der Raupe kennen zu lernen, ist das Aufsuchen derselben. Der Kiefernspinner (Phalaena Bombyx pini) liegt von der Zeit an wo er von den Bäumen herabkriecht, was gewöhnlich im October nach kalten Nächten geschiehet, im Moose, in der Regel wenn er noch nicht zu häufig vorkömmt nur wenige Fuß vom Stamm auf welchem er gelebt hat. Er verweilt oft mehrere Tage am Stamm, vorzüglich an der Sonnenseite, wo er in den Ritzen der Rinde sitzt; hier muß man an sonnenhellen Tagen nach kalten Nächten ihn suchen. Von da wandert er in die Oberfläche des Mooses, wo er oft bis zum Eintritt anhaltender Regentage, oder von kaltem Frostwetter liegen bleibt, wo er dann unter dem Moose, in der Dammerde zusammengekrümmt, sein Winterlager nimmt. Mangelt die Moos- oder hohe Staubbedeckung, so sucht er Schutz unter den Wurzeln, an alten Stöcken, unter faulendem Holze — nur ungern verbirgt er sich im lockern Sande. Bei den ersten schönen Tagen bricht er aus diesem Winterlager auf, verweilt wohl noch einige Zeit auf der Erde umherkriechend oder am Stamme, und fängt dann an die Bäume zu besteigen. Ist dies geschehen so ist die Entdeckung der einzelnen Raupen auf diesen schwer. Nur bei plötzlichen Stürmen, Platzregen und Hagelschauern werden sie heruntergeworfen, und man findet sie nach einigen Stunden wieder an den Bäumen, die sie aber zuerst besteigen um dabei leicht entdeckt zu werden. Dagegen ist, vorzüglich Ende Mai, Juni, wenn sie ausgewachsen sind, der starke Koth ihr Verräther und giebt die sicherste Anzeige ihres Daseins. Man findet ihn innerhalb des Schirms der Bäume, erkennt ihn leicht wenn man ihn zwischen den Fingern zerreibt, wo die zerbissenen, unverdaueten aber ausgesogenen Theile der Nadeln sogleich bemerkbar werden. Trifft man diese Spuren, welche bei einiger Aufmerksamkeit durchaus nicht unbemerkt bleiben können, wenn auch nur wenige Raupen vorhanden sind, so muß man ihnen dann durch Fällen der Bäume nötigenfalls weiter nachforschen. —

Die Raupe der Forleule (Phalaena Noctua piniperda) ist in der ersten Zeit ihres Erscheinens schwer oder gar nicht zu entdecken. Das kleine grüne Räupchen sitzt so dicht an den Nadeln, fällt so wenig in die Augen, daß eine genaue Untersuchung dazu gehört es wahrzunehmen. Erst gegen den Mai hin, wo sie größer wird, ist ebenfalls ihr Koth der alleinige Verräther derselben. Er gleicht sehr der abgesprungenen Hülle der männlichen Blüthen der Kiefer, und man muß ihn zwischen den Fingern zerreiben, um ihn mit Gewißheit zu erkennen. Vom Sturme, Platzregen und Hagelschauern wird diese Raupe leichter herabgeworfen als der Kiefernspinner, und dann wohl auf der Erde gefunden. Bei anhaltendem naßkalten Wetter verläßt sie die Zweige und legt sich am Stamme unter den letzten Aesten an, wo ein scharfes Auge sie wohl entdecken kann. Am leichtesten läßt sie sich kurz vor, oder im Anfange ihrer Verwandlung zur Puppe bemerken und auffinden, in der Zeit von Ende Juni bis Mitte August. Sie kriecht, sobald sie sich zur Verpuppung reif fühlt, an den Fuß des Stammes, verweilt dort träge, erst an der Rinde, dann auf der Oberfläche des Bodens, bis sie sich flach von Nadelstreu oder Moos bedeckt, unter dies kriecht. Sie schrumpft nun immer mehr, zuletzt bis zur Form der Puppe zusammen, wechselt die gelbe Farbe in eine weiße, und ist dann eben so leicht zu erkennen als zu entdecken. Die angegebene Zeit ist deshalb die allein passende zum Aufsuchen dieser Raupe, welche sich immer in der Nähe des Stammes befindet, und nöthigenfalls ganz flach im bloßen Sande liegt. Die Raupe des Föhren-Spinners, Ph. Geometra piniaria, wird erst Juli und August bemerkbar. Auch ihr Dasein verräth sich am ersten durch den Koth. Im September und October kriecht sie herab um sich zu verpuppen, und wird dann am Baume und im Moose in der Streu am Fuße desselben entdeckt werden können.

Die Nonne (Phalaena Monacha) ist vor ihrer ersten Häutung, seltner schon im Herbste, gewöhnlich Ende März, April bis Anfang Mai, klumpenweis in Gespinnsten an Bäumen, Klaftern, Stöcken, selbst Steinen nicht schwer zu entdecken, auch leicht zu vertilgen. Ihr Aufsuchen beginnt daher erst am sorgfältigsten, wenn der Kieferspinner oft schon auf den Bäumen ist. Auch später sitzen sie noch eine Zeit hindurch dicht zusammen und fressen die Stellen wo dies der Fall ist ganz kahl, sind darum auch noch auf nicht zu hohen Bäumen zu erkennen. Die Beachtung des auf einer solchen Stelle häufigen Kothes ist ebenfalls wichtig.

Die

Die Gegenwart des Kiefern=Dämmrungsfalters oder Kiefernschwärmers, Sphinx pinastri, ist vorzüglich an der Menge des grünen Raupenkoths, welcher dem Mausekothe gleicht, zu erkennen. Die Raupe findet sich im Juli und August vor, und verpuppt sich im September.

Die Raupe des Kiefernspanners, Phalaena Geometra piniaria, wird im Juli und August durch das Entnadeln der äußern Kieferzweige, an denen sie haufenweise sitzt, leicht bemerkbar.

Die Blattraupen, Afterraupen, Tenthredo pini, finden sich im Walde als Afterraupe fressend vor, vom Mai bis October, da das ausgebildete Insect vom April bis Juli erscheint. Sie sitzen dicht zusammen, benagen in der ersten Zeit ihres Lebens die Nadeln nur bis auf die Mittelrippe, so daß ein brauner krauser Faden stehen bleibt, und da sie gewöhnlich ganze Aeste in dieser Art abzehren, welche leicht entdeckt werden, so ist ihr Auffinden nicht schwer. Auch kommen sie nicht einzeln zerstreut auf den Bäumen vor, sondern sitzen gewöhnlich in großer Menge auf einzelnen Kiefern, welche dann durch die ihnen widerfahrende Entnadelung leicht in die Augen fallen. In der Kälte und bei starkem Morgenthau erstarren sie, und werden leicht durch Wind oder eine Erschütterung des Baumes herabgeworfen, wo man sie dann unter den Bäumen findet. Es kommen die Afterraupen auch in jungen Beständen oft vor, und man darf ihretwegen selbst die 10 — 20 jährigen Schonungen nicht unbeachtet lassen.

Nur von einigen Raupen kann man ihr vermehrtes Vorkommen durch Aufsuchung der Puppen erfahren.

Die Puppe des Kiefernspinners fällt bei ihrer Größe und hellen Farbe leicht in das Auge, sie ist gewöhnlich am Stamme in den Ritzen der Kiefernrinde angeklebt, und von Mitte Juni bis Ende August muß man fleißig danach spähen.

Die Puppe der Forleule liegt gewöhnlich tief, ist schwer zu finden und ihr Aufsuchen behufs der Erkennung einer Vermehrung des Insects, ist unthunlich.

Diejenige der Nonne ist leichter in den Ritzen der Rinde, oder an den niedrigen Aesten zu entdecken, wo sie mit wenigen Fäden eingesponnen ist.

Durch das Aufsuchen der Puppen des Kiefernschwärmers, des Kiefernspanners und der Afterraupe ist weniger Licht, hinsichts einer zu befürchtenden Vermehrung dieser Insecten, zu erhalten.

Das Vorkommen der Schmetterlinge und Blattwespen ist dagegen leicht zu bemerken, und es ist in dieser Hinsicht folgendes anzuführen.

Alle Nachtfalter (Phalaena) sitzen am Tage ruhig, in der Regel an den Stämmen, suchen windstille Orte auf, werden vorzüglich an windigen, regnigten Tagen tiefer am Stamme gefunden. Nach Sonnenuntergang, wenn der Abendstern sichtbar wird, fangen sie an zu schwärmen, stärker bei stiller warmer Witterung, weniger bei rauher, stürmischer. Um sie zu bemerken wähle man freie aber geschützte Plätze in solchem Holze, welches die Raupe vorzüglich liebt.

Auf diesen zünde man hellleuchtende Feuer an, welche bis zu Tages Anbruch wo möglich zu unterhalten sind. Diese Feuer dienen keinesweges dazu die Schmetterlinge zu verbrennen, wie weiter unten näher nachgewiesen werden wird, sondern nur um dieselben herbeizulocken und sie zu veranlassen das Feuer zu umschwärmen. Wenn in dem Scheine des Feuers Bäume stehen, so setzen sich die Nachtfalter an diese, und werden noch am folgenden Tage daselbst gefunden. Da es schwer ist sie im Fluge zu erhaschen oder auch nur zu erkennen, so muß man vorzüglich nach ihnen an denselben umherspähen. So lange in der Schwärmzeit der Nachtfalter auf diese Art keine der schädlichen Arten zu entdecken sind, hat man auch noch keinen Raupenschaden zu fürchten.

Der Schmetterling der Forleule hat das Eigene, am Tage gern dunkle, gegen Wind und Regen geschützte Orte aufzusuchen. In ungeheurer Menge hat der Verf. ihn in den Jahren 1819 und 1820 auf dem Boden, im Rauchfange eines einzelnen im Walde stehenden unbewohnten Jagdhauses getroffen. Eben so war er in Menge in alten Köhlerhütten, Wildschuppen und dergl. zu treffen, und selbst zwischen den Klafterscheiten suchte er Schutz. Vorzüglich an rauhen kalten Tagen scheint ihm dieses Bedürfniß zu sein.

Hat der Schmetterling sein Leben geendigt, so findet man ihn am Fuße der Bäume liegen, wo er seine Eier abgelegt hat, und auch hierauf muß man achten.

Wenn die Raupen schon in ungewöhnlicher Anzahl im Walde vorhanden sind, ohne darum jedoch in so großer daß sie ihn ganz entnadeln, so hat man mehrere Kennzeichen wodurch dies bemerkbar wird.

Diejenigen Vögel und vierfüßigen Thiere welche sich von ihnen nähren, ziehen sich in den damit befallenen Orten ebenfalls in ungewöhnlicher Menge zusammen. Vorzüglich Krähen und Dohlen, welche man außerdem mehr in den Feldern und Feldhölzern trifft, Staare, welche am Tage auf Aengern und Triften Nahrung suchen, verlassen diese und ziehen sich in das Innere des Waldes. Das Schwein umwühlt den Fuß des Stammes nach Puppen, der Marder, der Fuchs, das Eichhorn scharren im Winter danach die Erde auf, die Raub- und Laufkäfer zeigen sich häufiger, kurz alle Thiere welche die Natur auf diese Insecten angewiesen hat, suchen die Orte vorzüglich auf wo sie dieselben finden. Dem aufmerksamen Beobachter wird dies nicht entgehen, und er wird den Ursachen aller ungewöhnlichen Erscheinungen nachspüren.

Wenn die Anzahl der Raupen so groß ist, daß sie schon eine bemerkbare Anzahl Nadeln verzehren, werden die Bäume lichter, die Kronen durchsichtiger, und wenn man den Baum aufmerksam betrachtet, scheint er ein krankhaftes Ansehen zu haben, obgleich die gebliebenen Nadeln noch unverändert sind. Dies veränderte Aussehen giebt sich auch schon in der Entfernung, selbst in sehr beträchtlicher, kund. Die geringere Menge der Nadeln kann die Rinde des Stammes und der Zweige nicht mehr so vollständig decken, als wenn der Baum voll belaubt ist, dies schimmert nun gelb und graubraun durch das Grün der Zweige hindurch, und von ferne gesehen, hat der Kiefernwald das ihm eigne dunkle Grün verloren, er scheint auch bei den hellsten Tagen mit einem graublauen Dufte überzogen. Er behält dies Ansehen, wenn die Raupen ihn durchfraßen, mehrere Jahre lang, bis er sich wieder voll benadelt.

Es giebt nur einen Fall wo der Raupenfraß plötzlich über den Wald hereinbricht, ohne daß man ihn vorherzusehen vermochte. Dieser ist, wenn in der Schwärmzeit starke Winde große Schwärme von Schmetterlingen in ein bis jetzt gar noch nicht befallenes Revier treiben. Dies kann von ziemlicher Entfernung, bis zu einer Meile weit und weiter geschehen. Weiß man daher daß in der Nachbarschaft Raupenfraß ist, daß dort die Raupen keine Nahrung mehr finden, oder findet ein starker Luftzug aus jener Gegend her statt, so ist die größte Sorgfalt nöthig, um augenblicklich einen Ueberfall von dort aus zu erfahren. Liegt Feld zwischen dem disseitigen und jenseitigen Reviere, so sind es die Feldränder welche am ersten angefallen werden. Es macht dann keinen Unterschied von welchem Alter das Holz ist oder auf welchem Boden es stehet. Der erschöpfte Schmetterling hängt sich an den ersten Baum an, welchen er zu erreichen vermag und legt dort seine Eier ab. Wie ein solcher angesteckter Ort zu behandeln ist, davon weiter unten.

In allen übrigen Fällen entwickelt sich der Raupenfraß nur nach und nach. Mit der gehörigen Kenntniß der schädlichsten Insecten ausgerüstet, bei der von jedem Forstmann zu verlangenden Wachsamkeit, wird man jeden Raupenfraß wenigstens zwei, selbst drei Jahre vorauswissen können. So lange Zeit gehört immer dazu ehe sich diese Insecten von einer Zahl wobei sie unbemerkbar sind, bis zu einer solchen wobei sie Schaden thun, vermehren können. Sie ist hinreichend um diesen zu verhüten, wenn die Wälder nicht zu groß sind, und man einigermaßen über die nöthigen Mittel zur Vertilgung gebiethen kann. Keine Entschuldigung verdient der Revierverwalter oder ein solcher Vorgesetzter, welcher im Stande ist, das Revier mehrere male des Jahrs genau und in allen Theilen zu sehen, wenn er sich durch Raupenfraß überraschen läßt, erst von dem Dasein der Raupe Kenntniß nimmt, wenn diese schon in zu großer Menge sich zeigen, um bis zur Unschädlichkeit vermindert zu werden.

Darum sollte jeder Förster, jeder Lehrling diese schädlichen Insecten und ihre Oekonomie genau kennen, man sollte nicht schlummern wenn das Uebel zu schlummern scheint. Das ist der Werth der Wissenschaft daß sie den Praktiker leiten und unterstützen soll. Die welche sie nicht zu würdigen wissen, geben nur zu erkennen daß sie dieselbe weder kennen, noch anzuwenden vermögen. Sie nennen sich aber eben deshalb oft ächte Praktiker, weil ihnen die Wissenschaft fehlt, obwohl sie auch nichts von der Praxis verstehen.

Zum Schlusse dieser Bemerkungen müssen wir nur noch darauf aufmerksam machen, daß einseitige Maßregeln zur zeitigen Erkennung des Uebels wie dessen Verhütung keinen Erfolg haben können, sondern nur allgemein ergriffene. Wenn der Nachbar die Insecten sich vermehren, seinen Wald vernichten läßt, kann ich den meinigen nicht mehr schützen. Deshalb muß die Vertilgung derselben nicht von der Forstverwaltungsbehörde, sondern von der Landespolizei ausgehen. Der Forstmann muß rathen und wachen, die Polizei befehlen und ihn unterstützen. Darf niemand sein Haus brennen lassen, wenn des Nachbars Haus ergriffen werden kann, so darf auch niemand seinen Wald verheeren lassen, wenn der des Nachbars darunter leiden könnte. Muß jeder löschen helfen weil der Eigenthümer es nicht allein mehr vermag, so muß auch jeder Insecten vertilgen helfen, wo die Kräfte des Besitzers nicht mehr ausreichen. Der Verlust des Waldes ist für alle Staatsbürger gleich nachtheilig. Zur allgemeinen Vertilgung der Heuschrecken haben wir genügende Gesetze (vom 24. November 1752, 13. Juni 1753, 30. November 1753.) welche auch ihre Zweckmäßigkeit und Wirksamkeit bewährten. Man dehne dieselben auf die Kieferraupen aus, füge die zweckdienlichen Mittel zu ihrer Vertilgung hinzu, und die dort getroffenen Einrichtungen werden genügen. Wenigstens geben diese Gesetze die Verpflichtung und Berechtigung der Landespolizei zu erkennen, hier kräftig einzugreifen.

Von den Kennzeichen der schädlichsten Waldinsecten, ihrer Oekonomie und den Mitteln ihrer Vertilgung.

Will man die Vermehrung der schädlichen Waldinsecten zeitig genug erfahren, muß man sie zu erkennen im Stande sein. Will man sie vertilgen, muß man ihre Oekonomie, ihre Feinde kennen, denn nur daraus lassen sich die Mittel zu ihrer Vertilgung nach Art und Zeit entnehmen. Diese sind zu häufig verschieden als daß man sie allgemein angeben könnte, wenn sie gleich, da alle Raupen fast zugleich da sind, dann auch alle zusammen angewandt werden müssen. Wir betrachten daher sowohl die Raupen als Vertilgungsmittel einzeln. Bei Anführung ihrer Kennzeichen folgen wir Bechstein.

Die gefährlichste Kieferraupe ist ohne Zweifel

der Kiefernspinner, (große rauhe Kiefernraupe). Der männliche Schmetterling ist 1 Zoll, der weibliche 1½ Zoll lang, der erstere mit ausgebreiteten Flügeln 2½, der zweite 3 Zoll breit. Der Hinterleib ist eirund; die zurückgeschlagenen oder heruntergeklappten Flügel liegen auf dem Gegenstande auf, auf welchem er sitzt, sie sind im Sitzen über einandergeschoben, und die Vorderflügel haben in der Mitte einen weißen dreieckigen Fleck. Sie sind entweder aschgrau mit einer rostfarbenen gezackten Binde, oder rostbraun und unbordirt, gleich den Hinterflügeln. Sie sind alle vier stumpfgezahnt oder gekerbt, und gewöhnlich ein jeder in 4 Felder getheilt, häufig aber auch nur die Vorderflügel, während die Hinterflügel einfarbig sind. Die Farbe ist überhaupt nicht gleichbleibend. Der Hinterleib ist grau oder gelb und eirund, die Fühlhörner des Männchens kammförmig, die des Weibchens borstenförmig, rostfarben, mit sehr kurzen Zähnchen besetzt. Der Kopf und das Bruststück aschgrau in das röthliche fallend, die Beine gelblichbraun. Das Weibchen hat überall hellere Farben als das Männchen. Die Raupe hat ebenfalls verschiedene Farben. Doch hat sie stets einen braunen Kopf, zwei blaue Einschnitte auf dem dritten und vierten Ringe, darunter rothe Punkte, und über dem vorletzten Ringe ein Warzenbüschelchen. Die Farbe ist weißgrau und braun gescheckt, bald dunkler bald heller. Sie ist ganz mit langen aschgrauen oder fuchsrothen Haarbüscheln besetzt, und selbst die Haut ist mit einem filzähnlichen Staube bedeckt. Sie hat 6 Brustfüße, 8 Bauch- und 2 Schwanzfüße, zusammen 16, erreicht eine Länge von 4 Zoll und beträchtliche Dicke.

Der Kokon ist gelbbraun, $1\frac{1}{4}$ — $1\frac{1}{2}$ Zoll lang, von einem dichten festen Gespinnste, länglich rund. Die Puppe 1 — $1\frac{1}{4}$ Zoll lang, schwarzbraun, am Hinterleibe mit rothbraunen Einfassungen in den Gelenken, und sehr empfindlich. Sie liegt in dem Kokon, in welchem man die Haare der Raupe eingesponnen siehet, und welcher an einem Ende eine nur dünn übersponnene Oeffnung hat, durch welche der Schmetterling hervorkömmt.

Die Eier, deren das Weibchen 100—200 an verschiedene Stellen an die Rinde der Kiefer klebt, sind glänzend grün, von der Größe eines starken Rübsaat- oder Hirsekornes. Sie haben eine feste Rinde, sind schwer zu zerquetschen, wobei sie mit Geräusch zerplatzen, und fest angeleimt. Zur Zeit wo die Raupen auskriechen erhalten sie einen schwarzen Punkt, und die Schaale wird nach dem Auskriechen der kreisförmig darin liegenden Raupen braunroth.

Lebensart und Oekonomie des Insects und daraus entnommene Mittel seiner Vertilgung.

Sie halten sich am liebsten auf ältern Kiefern, welche auf keinem feuchten Boden stehen, auf. Das jüngere suchen sie erst wenn das ältere mangelt. So findet man sie allemal, wo Saamenbäume in Dickungen verwachsen sind, zuerst auf diesen. Der Schmetterling erscheint Ende Juni, im Juli bis zu Anfang August. Am Tage sitzt er am Stamme und den Aesten der Kiefern, wenn es windstill ist, vorzüglich in der ersten Periode seines Lebens ziemlich hoch, bei windigem Wetter und wenn er anfängt ermattet zu werden, tiefer. Vorzüglich das von Eiern schwere Weibchen sitzt selten über 20 Fuß hoch, und beinahe immer auf der schwarzbraunen rissigen Rinde der Kiefer, die obere gelbe und platte vermeidend. Bei Regenwetter sucht er die geschützte Seite des Baumes. Nach Sonnenuntergang schwärmt er abwechselnd bis Sonnenaufgang umher. In den frühen kühlen Morgenstunden sitzt er am festesten, und bei naßkaltem Wetter beinahe erstarrt und unbeweglich.

Vertilgungsmittel.

Die vielfach empfohlenen Leuchtfeuer tragen zu zu ihrer Vertilgung gar nichts bei. Sie locken den Schmetterling allerdings herbei, er umschwärmt sie, vermeidet aber Rauch und Flamme, und nur zufällig werden einzelne über das Feuer wegfliegende, versengt. Dies kann der Verf. nach vielfachen sorgfältigen Beobachtungen verbürgen. Höchstens sind die Leuchtfeuer dazu zu benutzen die Schmetterlinge in die Gegend derselben zu ziehen, und sie dann am Morgen an den Bäumen, wo sie sich ansetzen, zu tödten. In der ersten Zeit ihres Lebens sind sie lebendiger, vorzüglich die Männchen, kommen stärker herbei, später findet man gewöhnlich blos diese; das unbehülfliche schwerere Weibchen fliegt nicht weit, sondern schwärmt nur sehr kurze Zeit in einem kleinen Kreise umher. Will man daher Leuchtfeuer zum bemerkten Zwecke unterhalten, so muß es gleich im Anfange wo Schmetterlinge bemerkt werden geschehen.

Dagegen ist das Aufsuchen der Schmetterlinge um sie zu tödten ein sehr zu empfehlendes Vertilgungsmittel. Es geschiehet am besten an windigen naßkalten Tagen, oder in den frühesten Morgenstunden, wo der Schmetterling fest und tief sitzt. Man versieht zu diesem Ende die Arbeiter mit einer etwa 12 — 15 Fuß langen trocknen kiefern Bohnenstange. In diese wird am stärksten Ende ein im rechten Winkel gekrümmtes, drei Zoll langes messerähnliches aber nicht zugespitztes Eisen geschlagen, um damit die hochsitzenden Schmetterlinge tödten und die Eier abkratzen zu können. Tagearbeiter zertreten die Schmetterlinge gleich, zerquetschen die Eier; wenn nach der Zahl gesammelt und bezahlt wird, werden die Schmetterlinge in einen bedeckten Korb geworfen. Nach der Zahl kann übrigens nur gesammelt werden, so lange man noch nicht viel todte Schmetterlinge findet, welche die Arbeiter mit auflesen und sich bezahlen lassen würden.

Das empfohlene Eieraufsuchen und Zerquetschen ist nicht praktisch. Wo man sie zufällig bei dem Suchen der Schmetterlinge findet, müssen sie, wie sich von selbst verstehet, vernichtet werden. Sie sind aber schwer zu bemerken und eben so schwer zu bekommen oder zu vernichten. Zu klein um schon in geringer Höhe bemerkt zu werden, kleben sie sehr fest in den Ritzen der Rinde, sind sehr schwer, wo man sie nicht mit den Händen erreichen kann, abzukratzen, und noch schwerer am Baume zu zerquetschen. Der Kostenaufwand wird sich dabei nicht belohnen, denn schon das Besehen und Umspähen eines Baumes nach Eier, ist viel zu zeitraubend, um im Großen anwendbar zu sein. Dagegen fällt der Schmetterling leicht in das Auge, ist nicht schwer zu bekommen, hat die Eier in größerer Menge bei sich, während sie am Baume schon mehr vereinzelt sind. Hat man die Vermuthung daß sehr viel Eier an der Rinde kleben, was z. B. der Fall sein kann, wenn die Schmetterlinge in Masse aus einem benachbarten gefressenen Reviere überflogen, so ist es eher rathsam die Bäume schleunig fällen, bis in die Wipfel schälen zu lassen, und die ganze Rinde zu verbrennen.

Fortsetzung des Haushalts.

Schon nach 8 — 12 Tagen, je nachdem die Witterung kalt oder warm ist, entwickeln sich die jungen Raupen aus dem Eie, daher man auch nur soviel Zeit zum Schälen und Verbrennen der Rinde hat. Sie besteigen dann bald die Bäume, und fangen an zu fressen. Nur bei ganz ungeheurer Menge der Raupen ist es rathsam, von diesem Zeitpunkte des Auskriechens, bis zu dem wo sie ihr Winterlager suchen, etwas zu ihrer Vertilgung zu thun. Noch bedürfen die Raupen nicht viel Nadeln zu ihrer Erhaltung, sie verlassen daher die Bäume nicht eher, bis sie herab in das Winterlager gehen, entnadeln sie auch nur ganz, wenn sie in sehr großer Anzahl da sind. Mit den im October eintretenden kalten Nächten, kommen sie von den Bäumen herab, verweilen zuerst noch einige Zeit, so lange die warmen schönen Tage dauern, in den Ritzen der Rinde, in der Oberfläche des Mooses und suchen dann ihr Winterlager in demselben, wie schon oben bemerkt wurde. Bei eintretender warmer Witterung im März und April verlassen sie dasselbe, um von neuem ihren Fraß zu beginnen.

Vertilgungsmittel in der Periode vom Auskriechen aus dem Eie, bis zum Beginnen des Raupenfraßes im Frühjahre.

Im Herbste, wo die junge Raupe auf dem Baume ist, kann wenig zu ihrer Vertilgung geschehen, es sei denn, daß sie in so ungeheurer Anzahl vorhanden wäre, daß sie bereits zu dieser Zeit das Holz ganz entnadelt, deshalb herabkriecht, und dabei getödtet werden kann. Auf jeden Fall aber muß der einigermaßen stark befallene Ort, schon jetzt mit Raupengräben umzogen und selbst durchschnitten werden, um sie in demselben festzuhalten.

Ueber die Ziehung der Raupengräben überhaupt folgendes:

Die Tiefe und Breite derselben hängt von der Menge der Raupen welche vorhanden sind, so wie von der Menge der Gräben mit denen man einen großen District durchschneiden kann, ab. Es ist der Fall gewesen, daß wo man große Orte nur mit einem einzigen Graben von 2 Fuß Tiefe und 1 Fuß Breite umzogen hat, dieser sich so schnell mit Raupen gefüllt hat, daß die zuletzt aus dem gefressenen District ausgewanderten, über diese wie über eine Brücke wegkrochen und die Arbeit nicht zeitig genug beendigt werden konnte, um auch die letzten in einem neuen Graben zu fangen. Es würde daher der gezogene tiefer und breiter haben sein müssen. Dies dürfte jedoch weder hinsichts der Kosten, noch hinsichts des Erfolgs rathsam sein, vielmehr ist es zweckmäßig den befallenen Ort mit vielen weniger großen Gräben, so wenig von einander entfernt als es nur möglich ist, zu durchschneiden. Man erreicht dadurch den Vortheil, die Ueberfüllung des äußern

Randgrabens zu verhüten, die im Innern des Orts herumwandernden Raupen zu bekommen, und wenn diesen es ja gelingt einen zu überklettern, sie in dem andern zu fangen. Am wohlfeilsten sind die Gräben einen guten Spatenstich breit und tief, d. h. 10 bis 12 Zoll tief, und 7 bis 9 Zoll breit. Dies ist bei richtiger Stechung hinreichend sie fest zu halten. Bei der Ziehung der Gräben wählt man alte Waldwege, offne unbestandene Blößen, Gestelle und Schneißen, um Wurzeln und überhängende Aeste möglichst zu vermeiden. Es kömmt dabei auf Regelmäßigkeit der Entfernung und gerade Linien weit weniger an, als auf rasche Beendigung, Kostenersparung und Brauchbarkeit. Das Durchhauen von Schneißen, welche etwa drei Fuß breit und von allen überhängenden Aesten rein sein müssen, ist in jungen noch geschlossenen Beständen, wo sie bloß nöthig werden, nur im höchsten Nothfall anzuwenden. Damit die Gräben offen bleiben ist das Einfahren und Eintreiben von Heerden — wenn dieses nicht verlangt wird — zu verbiethen. Wo Wege nicht zu schließen sind, müssen die Gräben mit einigen Ruthen Zwischenraum so übereinander von beiden Seiten gezogen werden, daß der Kreis zwar vollkommen geschlossen ist, die Wagen aber hineinkönnen ohne einen Graben zu berühren.

Die Wände des Grabens müssen wurzelrein d. h. mit scharf abgestochenen Wurzeln sein, in trocknem Sande senkrecht, in festem Lehmboden sogar nach oben etwas überhängend. Nirgend darf eine Unterbrechung desselben statt finden, das hineinfallende Holz, welches den Raupen zur Leiter dient, und an welchem sie schaarenweis herausklettern, muß fleißig herausgelesen werden. Auf der Sohle des Grabens sticht man alle Ruthen wenn viel Raupen sind, sonst entfernter, 12 Zoll tiefe 10 — 12″ □ (von der Breite des Grabens) habende Fanglöcher, gleichfalls mit senkrechten Wänden. Diese sind wichtig, da selbst, wenn an irgend einer Stelle des Grabens ein Ausweg entsteht, doch nur diejenigen Raupen herauskönnen, welche zwischen zwei Fanglöchern die immer die volle Breite des Grabens haben müssen, sich befinden. Fürchtet man daß der Graben volllaufen wird, so vertieft und vermehrt man lieber die Fanglöcher, ehe man einen neuen sticht. Der Auswurf des Grabens, welcher 6 — 8 Zoll davon entfernt liegen muß, gehört allemal auf die entgegengesetzte Seite von wo die Raupen kommen, da sie ihn ungern passiren, und häufig davor umkehren müssen, wenn der Sand trocken und mahlend ist.

Die Raupengräben müssen im Accord Ruthen- oder Schrittweis verdungen werden. Die Kosten derselben sind sehr verschieden nach der Bedeckung des Bodens, seiner Festigkeit, der Menge von Wurzeln welche durchschnitten werden müssen, ungerechnet des nach der Gegend verschiedenen Tagelohns. Ein Arbeiter kann bei 7 — 9″ Breite, 10 — 12″ Tiefe, alle Ruthen ein Fangloch, 12 — 24 Ruthen in einem Tage stechen, wenn nicht ganz ungewöhnliche Erleichterungen oder Erschwerungen der Arbeit statt finden.

Die Mittel welche man anwendet um die Raupe zu vertilgen, sobald sie von den Bäumen herunterkömmt um ihr Winterlager zu beziehen, sind verschieden, nach ihrer Menge, nach Beschaffenheit des Bodens. Ist sie in so großer Menge vorhanden, daß die Bäume schon ganz kahl gefressen sind, ist sie in nicht zu großen Orten zusammengedrängt, so ist es am zweckmäßigsten alles Holz vom November an einzuschlagen, es herauszurücken, die Stöcke roden zu lassen, die Streu, das Moos, die Ueberreste von Wurzeln und Spänen auf Haufen zu bringen und zu verbrennen. Der ganze Ort mag dann umgeackert werden, und kann entweder mit Getraide, oder Ende April selbst wieder mit Kiefern besäet werden. Alle darin befindlichen Raupen vernichtet man auf diese Weise mit Sicherheit, zum Ueberfluß kann man auch noch die Raupengräben welche ihn umschließen im Frühjahre erneuen.

Kann man die Erholung des Holzes noch erwarten, oder ist die gänzliche Abräumung desselben weder thunlich, noch bei einer geringeren Anzahl der Insecten nöthig, so wendet man andere Mittel zu deren Vertilgung an.

So lange noch Raupen in der Oberfläche des Mooses und der Streu liegen, kann das Streurechen einigen Erfolg haben, zumal wenn man damit das Aufsuchen der auf dem Boden zurückgebliebenen verbindet. Später, und auch wohl im Allgemeinen, muß man es eher für nachtheilig als vortheilhaft erklären. Sobald die Raupe schon unter dem Moose und unter der Streu liegt, wird sie durch das Ausrechen nicht mit hinweggenommen, sondern bleibt in der obern Dammerdenschicht liegen. Sie verbirgt sich dann tiefer in dieselbe unter die Wurzeln, und ist weit schwerer zu finden, als wenn sie entblößt unter jener leicht abgeräumten Bodendecke liegt. Unbedingt nachtheilig ist das Streurechen, wenn die Raupe noch auf dem Baume ist, da sie sich dann

in

in der Erde so verbirgt, daß sie schwer gefunden wird. — Die Orte wo man diese Raupe am ersten findet, sind übrigens oben angegeben worden. Könnte man gerade zu dem Zeitpunkte, wo sie vom Baume herabwandert, Menschen genug anstellen sie mit spitzen Hölzern an demselben zu tödten, so würde man sie am sichersten alle dann bemerken. Wenigstens ist aber derselbe eben so wenig unbenutzt vorüber gehen zu lassen, als derjenige, wo sie anfängt im Frühjahre wieder am Stamme herumzukriechen. Es muß vielmehr, auch wenn man alles auf dem Boden absuchen läßt, zu beiden Zeiten noch einmal in den Ritzen der Rinde nachgesehen werden, ob sich daselbst Raupen sammeln, um die Bäume zu besteigen, oder in das Winterlager zu gehen. Daß diese Insecten nur mit Handschuhen angegriffen werden dürfen, da die Haare derselben die Hände leicht verletzen und Geschwulst herbeiführen, ist bekannt. Man hat vorgeschlagen die Raupen durch ein Lauffeuer in ihrem Winterlager zu tödten. Im starken Holze wo gerade feuerfangende Erdbedeckung genug vorhanden ist um das Feuer zu unterhalten, nicht genug um eigentliches Waldfeuer fürchten zu dürfen, scheint dies Mittel anwendbar und zu empfehlen. Nur werden die Bestände schon so vollkommen gereinigt sein müssen, daß weder dürre Aeste und Flechten an den Bäumen noch grüne Zweige vom Feuer erreicht werden können, was gewöhnlich erst bei ältern als 50jährigen Orten der Fall ist. Daß windstille Tage dazu gewählt, und alle sonstigen Vorkehrungsmittel getroffen werden müssen um Schaden zu verhüten, versteht sich von selbst.

Andere Mittel die Raupen in dieser Periode

zu vertilgen, als die angeführten, allerdings eben so einfachen als bekannten, giebt es nicht. Es kömmt nur auf die richtige Anwendung an, sie werden dann völlig genügen.

Fernere Oekonomie der Raupen nach dem Besteigen der Bäume und die darauf gegründeten Vertilgungsmittel.

Sobald dieselben die Bäume bestiegen haben, fangen sie an zu fressen; rascher an warmen sonnenhellen Tagen, langsamer und träger an kalten. In dieser Zeit ist, so lange sie nicht herabkommen, wenig zu thun um sie mit Erfolg anzugreifen. Das Abschütteln ist überhaupt nur bei ganz schwachem Stangenholze anwendbar, vielleicht aber am allerwenigsten bei dieser Raupe, welche sich sehr fest an die Zweige klammert, sobald sie die geringste Erschütterung des Baumes bemerkt. Will und kann man dies Mittel anwenden, so verfahre man dabei folgendermaßen. Man wähle die allerfrühsten Morgenstunden, oder auch kalte regnige aber windstille Tage, wo die Raupe nicht frißt, und sich auch deshalb mit den Brustfüßen nicht anklammert, sondern zusammengekrümmt zu ruhen scheint. Die Erschütterung muß schnell, stark und plötzlich sein, damit die Raupe heruntergeworfen wird, bevor sie noch Zeit hat sich anzuklammern und in Vertheidigungsstand zu setzen. Schwache Stämme lassen sich am bequemsten schütteln, stärkere werden vortheilhafter durch Schläge mit der Axt erschüttert (geprellt), die Furcht den Baum dabei zu verletzen, darf davon nicht abhalten. Die Kiefer wird durch eine Verletzung der Basthaut nicht, wie etwa die Fichte, schadhaft, sondern verwächst die Wunde bald wieder, wie der Verf. sich genugsam überzeugt hat und jederzeit durch Beweise darthun kann.

Die Anwendung dieses Mittels im Großen ist nicht ausführbar. Funfzig Menschen vermogten auf diese Art nur zwei bis drei Morgen täglich, ziemlich unvollständig zu reinigen. Wo aber erst die Raupe in solcher Menge in schwachen Hölzern ist, daß sie abgeschüttelt werden muß um diese zu retten, da sind gewiß noch mehr im alten und starken Holze. Hat man dann auch das schwache gereinigt, so finden sie sich bald wieder daselbst ein. — Nur in kleinen isolirten Dickungen, bei vielen zu Gebothe stehenden Kräften, ist Erfolg davon zu erwarten.

Wird das Holz ganz gefressen, so thun die Raupengräben ohnfehlbar die besten Dienste. Auch selbst wenn die Raupe nicht gerade Mangel an Nahrung herabtreibt, so zeigt sie doch, vorzüglich gegen die Zeit hin wo sie sich verspinnen will, eine ungemeine Wanderlust, wie sie sich denn auch unter allen Geschlechtsverwandten am weitesten und rascheſten fortbewegt. Wenn daher nur die Raupengräben einen befallenen Ort recht vielfach durchschneiden, fängt man immer den größten Theil der darin lebenden Insecten. Sie gar in andere Orte überkriechen zu lassen, kann nur bei einer unverzeihlichen Nachlässigkeit und Mangel an schützenden Gräben geschehen.

Ein Zeitpunkt tritt während der Verspinnung ein, wo man sich unbedingt der ganzen Generation bemächtigen kann. Die Kokons fallen deutlich in das Auge, vorzüglich an den kahl gefressenen Stämmen. Zum beiweitem größten Theile sitzen sie nicht über 20 Fuß hoch an der Rinde der Bäume und können mit Hülfe der schon erwähnten Stange leicht abgekratzt und gesammelt werden. — Ihre Berührung mit bloßen Händen, ist wegen der darin versponnenen Raupenhaare jedoch eben so nachtheilig, als die der Raupe selbst. — Bemerkt man Kokons in den Zweigen, so müssen die Bäume gefällt und entweder die Puppen gesammelt, oder gleich mit den Zweigen herausgeschafft und verbrannt werden. Das Einwerfen und Einstecken von Kieferzweigen, damit sich die Raupe daran einspinnt, ist wenig praktisch. Sie thut dies wohl am Unterholze, aber ungern an den hingeworfenen Zweigen. Die es thut, spinnt sich doch auch nur niedrig am Stamme ein.

Hinsichts der übrigen vorgeschlagenen Vertilgungsmittel bemerken wir noch folgendes.

Das Eintreiben der Schweine ist, in Beziehung auf den Kiefernspinner nicht vortheilhaft, sondern durchaus nachtheilig. Das Schwein berührt weder diese noch eine andere rauhe Raupe, sondern verzehrt nur die Insecten welche ihre Feinde sind, und sich gewöhnlich in den befallenen Orten häufig zusammenziehen, wie z. B. die Lauf- und Raubkäfer. Dabei wühlt es die Orte um wo die Raupen liegen, und verhindert ihr Aufsuchen, ohne ihnen dadurch weiter nachtheilig zu werden. Das Betreiben mit Viehherden, damit sie zertreten werden, ist von keinem großen Erfolge. Wenn man nach einem plötzlichen Sturme, Platzregen, Hagelschauer, eine Schafheerde gedrängt durchziehen lassen kann, werden wohl viele zertreten, doch schon nach wenig Stunden sind sie wieder auf den Bäumen, und deshalb gehört dies Mittel auch unter die wenig beachtungswerthen. Raupengräben sind den auf den Boden kriechenden

Raupen viel gefährlicher, und diese tritt das Vieh nur zu, weshalb es besser sein dürfte, die Hütung ganz herauszuweisen, so lange die Raupen fressen.

Das Umgeben der Nadelholzbestände mit Laubholz, vorzüglich Birken, als Vorbeugungsmittel, schützt nicht, eben so wenig als das Untermischen. Doch bemerkt man daß die Entwickelung des Raupenfraßes selten in gemischten Beständen statt findet, wenn auch die bereits in Menge vorhandenen Raupen sie nicht schonen.

Von den Feinden des Kiefernspinners.

Schon im Allgemeinen ist darauf hingedeutet worden, daß wir am sichersten einem Raupenfraße zuvorkommen, wenn wir diejenigen Thiere zu erhalten suchen, welche sie vertilgen.

Ob alle Vögel welche sich sonst von Raupen nähren, den Kiefernspinner angreifen, ist zweifelhaft. Gewiß ist es von Krähen und Dohlen, wahrscheinlich von Staaren, dem Häher, dem Kuckuck und Eulen. Dafür bürgt schon das bemerkbare Zusammenziehen solcher Vögel in befallenen Orten. Nicht bloß ihre Schonung überhaupt ist nöthig, sondern man muß sich auch hüten sie durch Schießen zu beunruhigen und daraus zu vertreiben.

Von den vierfüßigen Thieren scheint keines sich von dem Kiefernspinner zu nähren.

Von den Insecten sind zuerst die Ameisen bemerkenswerth. Sie verfolgen die Raupen unermüdet. Zwei, drei der kühnsten greifen sie an, und zwicken sie. Die Raupe schleudert sich herum um den Feind loszuwerden, der aber fest an ihr hängt. Mehrere kommen herzu und setzen die Angriffe fort, bis nach einigen Minuten die Raupe ermattet, und dann schnell von einer Menge ihrer Feinde bedeckt wird, die sie vollends tödten. An einem Baume wo ein Ameisenhaufen liegt, kann weder eine Raupe emporklimmen, noch erhält sich eine solche darauf von ausgekommenen Eiern herrührend. Mitten in ganz kahl gefressenen Orten erhalten sich solche Bäume frisch und grün. — Die Nützlichkeit der Ameise in dieser Hinsicht wird erst recht einleuchtend, wenn man beachtet, daß sie auch zu der Zeit stets nach Raupen umherspähet, wenn es wenig giebt, und wo die Tödtung einiger Paare schon von Wichtigkeit ist. — Man hat versucht die Ameisen in gleicher Art durch Ableger zu vermehren wie die Bienen, und es soll gelungen sein. Der Versuch wäre wohl der Mühe in den Kieferforsten werth. Wo viel Ameisen sind, wird nie ein Raupenfraß entstehen. Wo er in andern Orten entstanden ist, können sie die Ansteckung freilich nicht hindern. —

Die verschiedenen Arten Lauf- und Raubkäfer, Bechstein weiset sie in seiner Forst-Insecteologie nach, sind unermüdet auf der Raupenjagd. Der Verf. sahe wie der Carabus inquisitor in weniger Zeit als einer Stunde, zwölfmal an einem Baume in die Höhe lief, in der äußersten Spitze eines niedrigen Zweiges eine Raupe packte, und sich sammt ihr auf die Erde herabstürzte, wo er sie tödtete, ohne daß man bemerkt hätte, daß er von ihr gefressen hätte. Wir können weder etwas thun um sie zu vermehren, noch sind Anordnungen zu ihrem Schutze möglich. Nur allein darauf muß man aufmerksam machen, daß eine große Menge dieser Käfer in die Raupengräben läuft. Sind diese gut gestochen, so kommen auch diese darin um, denn man bemerkt nicht einmal, daß sie sich von ihren Mitgefangenen nährten. Man kann diesem begegnen, wenn man einige Reiser in die Gräben legt, an denen die Käfer bald herausklimmen. Doch darf dies erst geschehen, nachdem man die Raupen in die Fanglöcher gekehrt hat, oder wenn diese schon zu matt sind, um ebenfalls dieselben als Leiter zu benutzen. Auch das Herauswerfen derselben ist leicht. Die allergefährlichsten Feinde der Raupen sind ohne Zweifel die Sphex-Arten und Zehrwespen (Ichneumons). Sie sind es welche wohl in den mehresten Fällen dem Raupenfraße ein Ziel setzen.

Wir können zwar nicht die, in den Pommerschen Provinzialblättern mitgetheilte Meinung des Herrn Oberforstmeisters von Bülow unbedingt für richtig anerkennen, daß Raupenkolonien zur Erhaltung der Schlupf- und Zehrwespen, zur Verhütung eines Raupenfraßes dienen würden, allein wichtig ist die Sorge für Vermehrung und Erhaltung dieser uns so nützlichen Thiere gewiß. Wenn jene Meinung ganz richtig wäre, so könnten wir schon jetzt keinen Raupenfraß haben. Raupen bleiben immer übrig, sonst könnten sie nicht immer wieder erscheinen. Es ist wohl anzunehmen daß die Ichneumons rc., durch ihren Instinct eben so gut die einzeln zerstreuten Raupen auffinden können, als eine Raupenkolonie. Wenn der Satz gilt, daß die Ichneumons sich fortwährend progressionsmäßig stärker vermehrten als die Raupen, so lange sie solche finden, so müßten sie, da auch stets dies Insect vorhanden ist, entweder die Raupe niemals zu einer ungewöhnlichen Vermehrung kommen lassen, oder zuletzt richtiger ganz ausrotten, was nicht im Plane der Natur liegen kann, die keine Thiergattung durch eine andere ausrotten läßt. Es scheint vielmehr daß verschiedene Bedingungen der Vermehrung, vielleicht in der Witterung, beider Insectenarten statt finden. Sobald dieselben zur Vermehrung der Raupen eintreten, erhalten diese ein Uebergewicht, dies verliert sich wieder, wenn den Ichneumons günstige Verhältnisse dieselbe gestatten. Immer verdient es aber große Aufmerksamkeit, zur Erhaltung dieser zahlreichen Geschlechter zu thun was wir vermögen. Dazu ist nur ein Mittel — die Entwickelung derselben in den Raupen selbst nicht zu hindern.

Dahin rechnen wir zuerst, daß die in Raupengräben gefangenen Raupen nicht vergraben oder zerquetscht werden. Sind die Gräben gut gestochen, so müssen ohnehin diese darin sterben. Es entwickeln sich in denselben, sobald die Raupe schon ausgewachsen war, noch häufig Ichneumons, wie der Verf. sich durch sorgfältige Beobachtung überzeugte. In jungen noch nicht ausgewachsenen Raupen bemerkt man dies dagegen nicht, wenn man sie aus Mangel an Nahrung sterben läßt. — Auch in den gesammelten Kokons sind oft Schlupfwespen. Könnte man sie so aufbewahren, daß das Entweichen der Schmetterlinge verhindert, das der Schlupfwespen gestattet würde, z. B. in einem überall vergitterten Raume, so wäre dies unfehlbar sehr wünschenswerth.

Zu dem neulich nach von Bülow in Anschlag gebrachten, eingeschlossenen Fütterungsplatze (s. Hartigs Anleitung zur Vertilgung der Kieferraupe. Berlin, 1827. S. 27. rc.) um die im Frühjahr gesammelten Raupen, deren Entweichen durch Gräben verhindert wird, behufs der Vermehrung des Ichneumons auswachsen zu lassen, bemerken wir nur: daß die Raupe sich allein von frischen Nadeln zu ernähren vermag, da vorzüglich der Saft derselben es ist, der dies thut. Will man sie daher füttern, so muß es mit immer frischen Zweigen geschehen. —

Wir gehen nun zur Oekonomie und Vertilgung der übrigen als sehr schädlichen Raupengattungen über, wobei wir, um Wiederholungen zu vermeiden, hinsichts der letztern nur das Abweichende anführen werden.

Die Forleule scheint nächst dem Kiefernspinner die gefährlichste zu sein.

Kennzeichen.

Länge des Schmetterlings 6 — 7 Linien, Breite, 1 Zoll 4 — 6 Linien, das Weibchen hat das größte Maaß, ist auch am Hinterleibe dicker. Die Flügel dachförmig, die vordern bräunlichroth, nach der Wurzel zu gelblich, schön marmorirt, mit zwei gelblichen geschlängelten Querstreifen, die dunkelroth gerändert sind, versehen. Der vordere läuft gerade durch, der hintere ist nach außen geschweift, am Innenrande nähern sich beide, und haben zwischen sich die beiden gewöhnlichen Eulennarben, von denen die vordern rund, die hintere nierenförmig mit ihrem obern Theile nach hinten gekrümmt ist. Beide Narben sind weiß.

Die Hinterflügel sind braunroth oder schwarzbraun, am Hinterrande mit weißen Franzen, durch eine rothbraune Linie begränzt. Die Unterflügel ockergelb, bräunlich-röthlich schattirt, die hintern in der Mitte mit einem schwarzen Punkte. Der Kopf klein und braun, die Fühlhörner borstenförmig an der Spitze schwarz unten weiß, der Brustrücken braunroth, gegen den Kopf hin weiß eingefaßt, und nach dem Hinterleibe zu weiß gestreift, die Beine rothbraun und gelb gefleckt.

Die Raupe ist nackt, 1 Zoll 6 bis 9 Linien lang, walzenförmig, vorn und hinten etwas verdünnt, ist zuerst blaßgelb und weißlich grün, nach der ersten Häutung wird sie aber graßgrün mit weißen Längs-Rückenstreifen, zwei Seitenstreifen an jeder Seite und einem rothen orangegelben über den Füßen. Der Kopf ist braun, der Bauch grün, die Füße sind gelblich. — Die Puppe ist in einem schwarzbraunen glatten Gespinnste eingeschlossen, hat 10 Ringe und zwei Schwanzspitzen. Sie ist sehr lebhaft und bewegt sich, wenn man sie vorn anfaßt.

Oekonomie.

Der Schmetterling fliegt zeitig im Frühjahre bei den ersten schönen Tagen aus, und schwärmt an freien geschützten Stellen des Abends und Nachts, doch gewöhnlich etwas hoch, so daß man ihn nicht so leicht bemerkt, zumal da er sich nicht so auffallend auszeichnet wie der Kiefernspinner. Er legt seine Eier an die Spitze der Nadeln, wo die jungen Raupen anfangen zu fressen. Wenn sie größer werden, so sind sie so gefräßig, daß sie im Nothfall selbst die im Herbste reif werdenden Kieferzapfen verzehren. Haben sie einen Ort kahl gefressen, so wandern sie zwar auch, wie der Kiefernspinner weiter, doch weder so rasch, noch in so entfernte Orte. Sie ermatten bald wenn sie eine Zeitlang ohne Nahrung bleiben, und jedes geringe Hinderniß hält sie auf, so daß sie in sandigen Wegen selbst ein Wagengeleiß nicht zu überschreiten vermögen. Bei kalter Witterung und Regenwetter erstarren sie leicht, und können dann nicht fressen. Hält es längere Zeit an, so wird es ihnen verderblich. Von Ende Juni bis Anfang August kriechen sie herab in das Moos um sich zu verpuppen. In Ermangelung von Streu und Moos gräbt sich die Puppe, sobald sie vollkommen ausgebildet ist, bis 2 und 3 Zoll tief in die Erde, was eine sehr auffallende Erscheinung ist, da sonst die Puppen keine dazu nöthige Bewegung vorzunehmen vermögen. Im Anfange liegt die sich verpuppende Raupe, wie schon oben bemerkt wurde, ganz flach, und ist bei ihrer weißen Farbe leicht zu finden. Legt man sie blank, so sucht sie sich in die Erde zu wühlen um bedeckt zu sein, bleibt jedoch bis im Oktober flach liegen. Später findet man sie etwa einen Zoll tief in der Dammerde unter dem Moose und der dichten Streudecke, im entblößten Sande dagegen bis drei Zoll, über sich eine kleine Oeffnung habend, durch welche der Schmetterling herausschlüpft.

Vertilgungsmittel.

Gegen die Schmetterlinge ist keines anwendbar. Das Ablesen ist unthunlich, da sie sich in den Ritzen der Rinde, unter solcher die abgesprungen ist und an dunklen Orten zu verbergen suchen, überhaupt wenig in das Auge fallen. Eben so wenig giebt es ein Mittel die Eier zu vernichten. Selbst den jüngern Raupen vor der ersten Häutung, kann man nichts thun. Man hat nur, sobald man sie bemerkt, mit Ziehung der Raupengräben zu beginnen.

Das Abschütteln dieser Raupe, mit Anwendung der oben angegebenen Vorsichtigkeitsmaasregeln, ist leichter als bei dem Kiefernspinner, da sie weniger fest sitzt. Das Eintreiben von Schweinen, Gänsen und Enten in die befallenen Orte, ist anzurathen, da diese Thiere sich eben so wie die Puten und Hühner gern von diesen Raupen nähren. Bei plätzlich eintretendem Sturmwinde, Hagelschauern und Platzregen, werden sie leicht von den Bäumen herabgeworfen, und wenn man Mittel genug hätte sie schnell unten auf der Erde zu vertilgen, so würde ihre Anwendung Erfolg haben. Allein schon nach wenig Stunden wandern sie in langen Zügen wieder an den Bäumen in die Höhe, und es ist bei großem ausgedehntem Raupenfraße unmöglich gleich Menschen oder Thiere genug herbeizuschaffen, die sie tödten, verzehren oder zertreten.

Da diese Raupe weniger weit wandert als die vorige, so müssen die Raupengräben auch bei ihr weniger weit auseinandergezogen werden. Das Aufsuchen muß am Ende Juni bis im September, wo sie nur wenige Fuß vom Stamme entfernt, flach, leicht kenntlich, unter der Bodendecke oder im Sande liegt, verfolgen. Das Streurechen ist durchaus nur nachtheilig, weil es die Raupe und Puppe nicht mit hinwegnimmt, und das Auffinden derselben nur erschwert. — Das Aufsuchen der Puppen vom October bis zum Frühjahre ist ohne wesentlichen Nutzen. Die Puppen liegen so tief, sind in der Dammerde, welche ganz gleiche Farbe hat, so schwer zu bemerken, daß ein Mensch Stundenlang die Erde um einen Baum herum umwühlen kann, ohne sie alle gefunden zu haben. Es werden zwar allerdings von den zum Raupensuchen gebrauchten Arbeitern, immer viel Puppen gefunden, aber bei einiger Aufmerksamkeit wird man bemerken, daß wenig von der Forleule darunter sind. Oft werden dagegen die unschädlichen Insecten mit großem Triumpfe vernichtet. Als das sicherste Mittel, dieser höchst verderblichen Raupe Abbruch zu thun, muß man ohnfehlbar das Betreiben der befallnen Orte mit Schweinen, vom Juli an bis zum April, so lange es nur das Wetter irgend erlaubt und das Schwein den Boden umwühlen kann, betrachten. Dieses Thier liebt die Raupe eben so sehr als die Puppe, und so lange man nur dafür sorgt, daß es stets Wasser findet und zweimal des Tages es zur Tränke treibt, sind ihm beide eine gesunde Nahrung. Auch Füchse, Marder, Iltis, Wiesel, Mäuse, Eichhörnchen und beinahe alle Vögel stellen den Puppen und den Raupen nach.

Vermögte man einen Ort, worin sich die Puppen in Menge befinden, tief umzugraben, welches nur um jeden Baum herum, 5 bis 6 Fuß vom Stamme entfernt, geschehen dürfte, so würde man wohl das Auskriechen des Schmetterlings dadurch verhindern, denn es ist nicht wahrscheinlich, daß er durch die Erde herauszukriechen vermögte.

Die Nonne ist in der neuern Zeit mehr mit andern Raupen vermischt vorgekommen, als daß sie allein für sich große Verheerungen angerichtet hätte. Doch hat sie früher auch allein großen Schaden gethan, und bei ihrer Gefräßigkeit gehört sie ebenfalls unter die sehr gefährlichen Raupen.

Kennzeichen *).

Die Vorderflügel weiß mit schwarzen runden und eckigen Flecken, am Vorderrande mit schwarzen

*) Nach Bechstein.

Punkten besetzt oder schwarz gewellt, am Hinterrande schwarz gefleckt. Die Hinterflügel gräulichweiß; nach dem Rande hin mit einer oder mehreren Querlinien, und einer Reihe schwärzlicher Punkte am Hinterrande. Das Männchen ist ¾ Zoll lang, 1¼ Zoll breit, das Weibchen 1 Zoll lang, 2 Zoll breit, letzteres auch heller von Farbe. Der Kopf ist weiß, die Kehlspitzen sind schwarz, die Brust weiß, der Brustrücken mit einem größern schwarzen Flecke und zwei kleinern Punkten gezeichnet, die Fühlhörner bei dem Männchen kammförmig und grau, bei dem Weibchen borstenartig mit kurzen Fäserchen besetzt und schwarz. Der Hinterleib rosenroth mit grauen und schwarzen Einschnitten. Die Vorderbeine schwarz, die vier folgenden schwarz mit weißen Flecken.

Die Raupe verändert ihr Aeußeres mit den verschiedenen Häutungen. Nach der ersten haben sie einen gelblichen oder weißen Rückenstreifen. Nach der zweiten hat der Rücken weiße Punkte und Flecken, einige rothe und gelbe Warzen, und lange schwarzgraue Haare. Nach der dritten haben sie einen glänzend schwarzen Kopf und ein graubuntes Ansehen, welches nach der vierten in das schwärzliche, bräunliche, weißlich-grau marmorirte übergehet. Sie sind ausgewachsen 1¼ — 1¾ Zoll lang, verhältnißmäßig dick, walzenförmig, etwas breit gedrückt. Der Kopf groß, rund, braun mit einem dunklern Striche vorn herab, mit kurzen zarten Haaren besetzt. Von den 12 Ringen hat jeder 6 dunkelblaue Warzen mit schwarzen oder schwarz-weißen Haarbüscheln. Hinter dem Kopfe sind diese Büschel am längsten und sträuben sich vorwärts; auf dem zweiten Absatze stehet ein bläulich-schwarzer nierenförmiger Fleck, von welchem aus sich ein braungrauer Streif über den Rücken bis zum siebenten Ringe ziehet, wo er von einem weißlichen, braun und grau gemischten Flecke unterbrochen wird, und von da über die drei folgenden Ringe bis zur Schwanzklappe gehet. Zwei bis vier einzelne rothe Punkte befinden sich auf der Mitte der letzten Ringe; die Brustfüße sind rothgrau und die Bauchfüße grau und sehr breit.

Die Puppe ist anfangs grün, später goldglänzend, oder braun in das Rothe spielend, mit gelben oder röthlichen Haarbüscheln besetzt. Sie ist etwa ½ Zoll lang, kömmt bei den sich früh einspinnenden Raupen 2 — 3 Wochen zwischen den Reisern und Ritzen mit wenig Fäden befestigt vor, von den spätern fliegt der Schmetterling auch wohl erst im künftigen Frühjahre aus. Sie bewegt sich lebhaft, wenn sie berührt wird, selbst im Winter bei strengem Froste.

Oekonomie.

Der Nachtfalter erscheint zu verschiedenen Zeiten. Am gewöhnlichsten im Juli und August, da die mehrsten Raupen klein überwintern oder im zeitigen Frühjahre aus den Eiern auskriechen. Von den Puppen, welche überwintern, fliegt er bei warmen Tagen im Frühlinge aus. Er legt seine Eier in großen Klumpen, scheibenförmig, an die Bäume unter den Aesten, in die Ritzen der Rinde, auf den Boden, selbst an Stöcke und Stämme. Sie haben die Größe eines Hirsekorns, sind rund, glänzend, röthlich-grau oder blaßbraun, auch von diesen Farben marmorirt. Gewöhnlich kriechen die Raupen

Ende April oder Anfang Mai aus, bei einem langen warmen Herbste auch wohl in diesem, wo sie in den Ritzen der Bäume, unter dem Moose, und überall wo sie Schutz finden, überwintern. Am ersten bemerkt man sie, noch einzeln vorkommend, in der ersten Zeit ihres Lebens, weil sie dann klumpenweis in Gespinnsten, da, wo die Eier befestigt waren, zusammen sitzen. Die Raupe frißt die Nadeln und Blätter der mehresten Hölzer. Am liebsten hält sie sich in Kiefern-Stangenhölzern auf trocknem Boden auf. Selbst nicht ganz frische Nadeln verzehrt sie noch. Die Kieferzapfen und die Rinde der jungen Triebe bekommen ihr sehr gut. Kalte und rauhe Witterung scheint ihr am nachtheiligsten zu sein, wenn sie in die Periode ihrer Häutungen trifft. Sie kann gut und weit kriechen und ziemlich lange Hunger ertragen. Gewöhnlich verpuppt sie sich im Juli, sobald die Raupen im Frühjahre auskriechen, im August und Anfang September, wenn die Schmetterlinge erst im Frühjahre auskamen. Krähen, Dohlen, Häher, Gänse und Enten verzehren sie, von den kleinern Vögeln scheint sie vermieden zu werden.

Vertilgungsmittel.

Die Schmetterlinge können im Juli und August, eben so wie die des Kiefernspinners gesammelt werden. Die Eier sind schwer zu entdecken; vermuthet man sie in Menge, weil man sehr viel Schmetterlinge in einem Orte bemerkte, und ist der Einschlag desselben möglich, so bleibt nichts übrig, als diesen während des Winters anzuordnen, das Holz, wo möglich geschält, wegzuschaffen, Rinde und Moos

zu

zu verbrennen, und in allen Dingen eben so zu verfahren, wie oben bei dem Kiefernspinner nachgewiesen wurde. Auch das Streurechen ist anwendbar, um die auf dem Boden klebenden wegzuschaffen.

Die Raupen müssen vorzüglich zu der Zeit aufgesucht werden, wo sie noch klumpenweis im Gespinste zusammen sitzen. September und Oktober, vorzüglich aber von Mitte April bis Mitte Mai ist diese Zeit. Das Suchen der schon vereinzelten im Moose oder an den Bäumen überwinternden Raupen kann wenig helfen. Sie sind zu klein und zu schwer zu finden, als daß sich darauf rechnen ließ, sie auf diese Art zu vertilgen. — Das Aufsuchen der Puppe ist anwendbar. Bemerkt man viele davon in den Zweigen, so müssen die Bäume gefällt, entästet und das Reisholz muß verbrannt werden. Eile ist dabei im Juli und August nöthig, da nur 14 Tage Frist gestattet sind, um dem Ausfliegen des Schmetterlings zuvorzukommen.

Wir lassen nun zwischen den eigentlichen Raupen die Blattraupe, Kiefern-Afterraupe, Tenthredo pini, folgen, weil sie entschieden gefährlicher ist, als die noch übrigen Raupen.

Beschreibung *)

Das Männchen mit Einschluß der Fühlhörner 4 — 5 Linien lang, mit ausgespannten Flügeln 7 Linien breit, das Weibchen 6 L. lang, 9 L. breit. Der Kopf oval, platt gedrückt, bei dem Weibchen größer und auf der obern Seite mehr gewölbt. Die Kiefern zweigezähnt, unter ihnen vier gelbliche ge-

*) Nach Müller.

gliederte Fühlspitzen, wovon das äußere Paar län-
ger als das innere ist. Die Augen groß, erhaben, schwarzbraun. Die Fühlhörner bei dem Männchen kammförmig, bei dem Weibchen aus 19 ineinander geschobenen Stücken bestehend, mit weißlichen Haaren besetzt. Der Brustrücken in 4 Feldern getheilt, bei dem Männchen matt schwarz, bei dem Weibchen gelblich grau. Bauch und Bauchrücken bei dem Männchen glänzend schwarz, bei dem Weibchen mehr gelbgrau. Das Männchen hat am After zwei kurze braungelbe Häkchen, das Weibchen einen Legestachel, welcher in der Scheide verborgen liegt. Die Füße fünfgliederich, die Schenkel schwarz, sonst schmutzig gelb. Die Flügel durchsichtig, glänzend, purpurfarben in das Grüne spielend.

Die Afterraupe hat 11 Paar Füße, da jeder der 12 Ringe, mit Ausnahme des vierten, mit zwei solchen versehen ist. Sie ist erwachsen 1 bis 1½ Zoll lang, der Kopf ist braun mit schwarzen Augen und einem solchen Munde. Die Farbe des Rückens ist in der ersten Jugend grün, wird aber im spätern Alter gelblich weiß und blaßgrün. Die Bauchfarbe ist weißlich grün in das blaßgelbe spielend. Mitten durch die Raupe schimmert die große Pulsader als ein röthlicher Streifen durch die Haut. Charakteristisch ist an jeder Seite eine Reihe schwarzer Punkte oder Striche, die über alle Füße in grader Linie fortlaufen.

Die Puppe gleicht einem kleinen braunen Tönnchen 3 — 6 Linien lang.

Oekonomie.

Die Blattraupe erscheint vom April bis Juli,

am häufigsten Mitte Mai. Sie lebt nur kurze Zeit, begattet sich bald und legt ihre Eier an die Nadeln der Kiefer, und zwar immer an die zuletzt gewachsenen Triebe. Sie sumsen wie die Schmeissfliegen, schwärmen aber nur bei Tage. Die jungen Afterraupen sitzen zuerst in Klumpen an den Spitzen der Zweige, benagen im Anfange nur die Nadeln bis auf die Mittelrippe, welche dann wie ein vertrockneter krauser Faden leicht bemerkbar werden. Sie sitzen dann ziemlich fest und ziehen sich bei fortdauernden Erschütterungen des Baumes dichter zusammen. Später sind sie sehr gierig, fressen die Nadeln von der Spitze bis zur Scheide, doch ruhen sie in den kühlen Morgenstunden, und sind dann leichter abzuschütteln. Auch die Rinde der jungen Triebe verzehren sie oft. Sie greifen sowohl altes, als mittelmäßiges und junges Holz an. Im Kriechen sind sie unbehülflich und werden durch eine schiefe lockere Sandfläche leicht aufgehalten. Sie fressen vom Mai bis Oktober, im August und September gewöhnlich am stärksten, was in der verschiedenen Zeit der Erscheinung der Blattwespen seinen Grund hat, da die einzelne Raupe nur 8 Wochen bis zu ihrer Verpuppung zubringt. Diese erfolgt gewöhnlich im Moose und unter der Streu nahe am Fuße des Baumes. Die Puppe liegt gewöhnlich 9 Monat in der Erde, jedoch wird die Länge der Zeit auch durch die Witterung bedingt.

Vertilgungsmittel.

Dies Insect kömmt selten einzeln auf den Bäumen vor, vielmehr in der Regel auf einem Baum in Menge zusammengedrängt. Bei einiger Aufmerksamkeit muß man dasselbe daher schon wahrnehmen, sobald es zu fressen anfängt, noch ehe es beträchtlichen Schaden thun kann. Durch Abschütteln der schwächern Stangen am frühen Morgen, durch Fällen der stärkern Bäume wird man es ohne große Schwierigkeit gleich im Anfange vertilgen können. Nur bei großer Unaufmerksamkeit, oder gänzlichem Mangel an verhältnißmäßigen Kräften zu seiner Vertilgung kann es sehr gefährlich werden.

Die Vertilgung der Blattwespe selbst ist nicht ausführbar, da sie sich an den Nadeln in den Spizzen der Bäume hält, ziemlich rasch und lebhaft ist, so daß sie schwer gefangen wird, auch gewöhnlich schon ihre Eier abgelegt hat, wenn das geschiehet.

Die Puppen, welche am häufigsten an der Nordwest-, Nord- und Ostseite der Bäume, oft in Klumpen zusammen liegen, lassen sich zwar aufsuchen, doch ist dies immer beschwerlicher und kostbarer, als die Vertilgung der Afterraupen. Raupengräben leisten gute Dienste, wenn sie nicht zu weit von einander entfernt sind. Auch lassen sich die auf der Erde herumkriechenden Afterraupen sammeln und tödten.

Das Streurechen ist von wenigem Erfolge, da die Puppen doch auf dem Boden liegen bleiben. Schweine fressen weder die Afterraupen noch ihre Puppen, und ihr Eintreiben trägt daher nichts zu ihrer Vertilgung bei.

Einzelne kostbare Stämme kann man erhalten, sobald die Blattwespe nicht ihre Eier daran ablegt, wenn man sie mit lockerm Sande umhäufelt, wo dann die Afterraupe sie nicht bekriechen kann. Im

Großen ist dies Mittel aber unausführbar, höchstens zur Erhaltung von Samenbäumen anwendbar.

Die Kiefern-Spannraupe. Phalaena Geometra piniaria.

Kennzeichen *). Die Vorderflügel des Männchens matt schwarz oder schwarzbraun, in der Mitte mit zwei weißen Flecken, wovon der äußere kleiner ist, und fast ein längliches Dreieck vorstellt. Die Hinterflügel von gleicher Farbe, mit einem ein- oder zweimal durchschnittenen Flecke. Auf der Unterseite sind die Hinterflügel gelbmarmorirt, mit zwei gelbbraunen Binden geziert; die Fühlhörner sind stark gefiedert. — Das Weibchen ist größer — 15 Linien mit ausgespannten Flügeln breit, das Männchen nur 13, die 4 Flügel sind rostfarben, gelblich, es ziehen sich zwei hellbraune Querstreifen durch sie. Der ganze Leib ist rostfarbig, die Fühlhörner fadenförmig. Die Raupe ist 1 bis 1½ Zoll lang, grün, mit 5 weißen Längestreifen, die bis über den grünen Kopf ziehen, wovon der mittelste am weißesten ist, die untern gelblich sind. Die Puppe ist ½ Zoll lang, hellbraun glänzend, mit grünlichen Flügelscheiden.

Oekonomie.

Der Schmetterling erscheint im April, Mai bis Juni, sucht vorzüglich die 10—30jährigen Kiefernnate auf, trägt die Flügel wie ein Tagfalter in die Höhe gerichtet, und klebt seine Eier an die Nadeln und Zweige, gewöhnlich gegen ihre Spitze hin. Erst im Juli bemerkt man die Raupe dadurch, daß sie diese kahl fressen, und der Raupenfraß dauert dann

*) Nach Bechstein.

bis im October. Sie kriechen dann unter das Moos und unter die Streu, um sich zu verpuppen.

Vertilgungsmittel.

Aufmerksamkeit in den Monathen Juli und August, um sie von den schwachen Kiefern in den frühen Morgenstunden abschütteln zu lassen, oder im Nothfalle die stärkern zu fällen. Dies ist um so eher ausführbar, als sie gewöhnlich gedrängt in den Zweigen sitzen. Wenn sie im October zur Verpuppung herunterkriechen, können sie an den Bäumen leicht getödtet werden. Die Puppen kann man sammeln lassen, doch besser soll ihre Vertilgung durch Schweine seyn, von denen man behauptet, daß sie dieselben gern fressen. Der Verf. kann es aus eigener Erfahrung weder bestreiten noch bestätigen. — Raupengräben werden dann nöthig und zweckmäßig, sobald die Zahl so groß ist, daß Bäume von ihnen ganz kahl gefressen werden, und sie weiter kriechen, um andere aufzusuchen. So lange nur noch so wenig Raupen vorhanden sind, daß die Bäume noch Nadeln zur Zeit der Verpuppung haben, sind Raupengräben überhaupt bei den trägern Raupen noch entbehrlich.

Unter die schädlichen Kiefernraupen rechnet man noch:

1) den Kiefern-Dämmrungsfalter, Sphinx pinastri,
2) den Fichten-Spinner, Phalaena Bombyx Pityocampa,

Diese Raupen kommen einzeln bei jedem Raupenfraße vor, daß sie aber allein, oder auch nur vorherrschend, einen solchen verursacht hätten, ist nicht bekannt, wenigstens unentschieden. Der Raum dieser Schrift gestattet ihre weitläuftige Beschreibung nicht, weshalb auf Bechsteins Insectologie (Gotha 1818) verwiesen werden muß. Es wird genügen, auf die Merkmale und Art ihrer Erscheinung und die Mittel zu ihrer Vertilgung hinzuweisen.

Der Kiefern-Dämmrungsfalter erscheint im Mai und Anfang Juni. Sein Flug ist schnell, er sucht auch Blumen, vorzüglich die des Geisblatts auf. Das Weibchen legt seine Eier an die Kiefernadeln. Im Juni fangen die Raupen an zu fressen, indem sie zuerst nur die Spitzen der Nadeln benagen, sie späterhin aber ganz bis an die Scheide verzehren. Im September bis Anfang October verpuppt sich dieselbe in der Erde und in Moos und Streu, wo sie überwintert.

Da diese Raupe haufenweis in den Zweigen sitzt, und sie kahl frißt, was vorzüglich im August bemerkbar wird, so muß sie um diese Zeit aufgesucht und auf die oft angeführte Art vertilgt werden. Im September und October trifft man sie am Fuß der Stämme, und findet sie am leichtesten, ehe noch ihre Verpuppung vollendet ist. Das Schwein soll die Puppen verzehren. Ob es wirklich so ist, kann man wohl noch nicht mit Gewißheit behaupten, da dasselbe von dem Kieferspinner und der Puppe der Afterraupe ebenfalls mit Zuversicht gesagt wurde, und dennoch nicht gegründet ist.

Der Fichtenspinner erscheint als Schmetterling Ende Juli, legt seine Eier an die aufgesprungene Rinde der Kiefern. Die Raupen kriechen im August aus, wachsen schnell und fressen bis die eintretende kalte Witterung es verhindert. Sie erreichen noch im Herbste beinahe ihre volle Größe. Im

April und Mai haben sie ihr volles Wachsthum erlangt, und verwandeln sich in der lockern Erde, in welche sie herabkriechen.

Die Vertilgung dieser Raupe ist nicht schwer, denn da sie in einem sehr leicht in die Augen fallenden Gespinnste, welches trichterförmig, 8 — 16 Zoll lang, 9 — 10 Zoll breit in den Zweigen befestigt ist, sich aufhalten, und aus demselben als Processionsraupe regelmäßig aus- und wieder zurückwandern, so kann man sich im Winter ihrer leicht bemächtigen. Man darf nur diese Gespinnste aufsuchen und die Zweige, an denen sie hängen, heraushauen lassen, wenn man geübte Kletterer hat; nöthigenfalls müssen die Bäume, woran sie sitzen, gefällt werden.

Wenn man das Gesagte überblickt, so wird man finden, daß durchaus nicht allgemeine Vertilgungsmittel für alle Raupen gleich anwendbar gegeben werden können. Sie müssen vielmehr aus der Oekonomie und Lebensart jeder einzelnen entnommen werden. Was der Einen verderblich ist, wird es nicht für die Andere. Man muß sich daher stets erst genau unterrichten, welches Insect man zu bekämpfen hat, ehe man die Anordnungen dazu trifft, um nicht unnöthige Ausgaben zu verursachen, und vielleicht unzweckmäßige statt zweckmäßiger Maßregeln zu ergreifen. In der Regel erscheint jedoch nicht eine Raupengattung allein — nur die Blattwespe kömmt gewöhnlich rein vor — sondern alle zusammen vermischt. Immer hat jedoch eine oder die andere ein auffallendes Uebergewicht. Dann ist diejenige am meisten durch die anzuwendenden Mittel zu verfolgen, von welcher der mehrste Schade zu fürchten ist. Kann man über Kräfte genug verfügen, um alle zugleich zu verfolgen, so ist dies um so wünschenswerther. Sind diese beschränkt, so sind sie so zu verwenden, daß man dadurch das Holz am ersten schützt. Dies geschiehet, wenn man zuerst seine Aufmerksamkeit auf dasjenige Insect richtet, welches am mehresten Schaden thut.

Zum Schlusse dessen, was über die Vertilgung der Kieferraupen gesagt ist, wird eine Uebersicht der dazu nöthigen Arbeiten, nach den Monathen, in welchen sie vorgenommen werden müssen, nicht unnöthig seyn, um auch zugleich dann, wenn kein Raupenfraß statt findet, den Forstbeamten an dasjenige zu erinnern, was er zur Verhütung desselben zu jeder Zeit zu beachten, oder wenn diese zu fürchten ist, zu thun hat.

Januar. Aufsuchen der Raupe des Kiefernspinners im Fall offen Wetter ist, jedoch unvortheilhaft und zu kostbar wegen der kurzen Tage. Dagegen gerade jetzt Beachtung des Fichtenspinners. Gegen Raupen, welchen das Schwein durch Aufsuchen der Puppen nachtheilig wird, kann das Eintreiben desselben angewandt werden, sobald die Witterung so ist, daß es wühlen kann. Bei Schnee und hartem Frost ist in diesem Monathe wenig zu thun.

Februar. Gegen Ende des Monaths ist bei offnem Wetter die Raupe des Kiefernspinners ernstlich zu suchen. Der Forleule ist nur durch Eintreiben von Schweinen Abbruch zu thun. Von der Nonne findet man die Puppe an den Bäumen. Ob etwa Gespinnste von im Herbste ausgekommenen Raupen zu bemerken sind, ist zu beachten. Die Puppe der Blattwespe kann bei offnem Wetter gesucht werden. Eben so die Puppe der Kiefern-Spannraupe. Wenn man sich genöthigt gesehen hat, angesteckte Districte im Winter einzuschlagen, muß ihre Abräumung, Ausbrennung und Umackerung, wenn es sein kann, und die Witterung es gestattet, Ende dieses Monaths geschehen.

März. Die Raupen, welche überwinterten, kommen bei schönen Tagen hervor. Bis diese eintreten ist das Raupen- und Puppensuchen fortzusetzen. Sobald es warm wird, sind mehr die Ritzen der Rinde und die Stämme der Bäume nachzusehen. Zeigen sich sehr viel Raupen kann man mit dem Ziehen der Raupengräben beginnen. Sobald man das Ausfliegen der Forleule bemerkt, hat das Eintreiben der Schweine keinen Erfolg mehr zu ihrer Vertilgung. Die Puppen der Blattwespe und Spannraupe können noch gesucht werden. Die Nonne hat ihr Gespinnst noch nicht verlassen. Der Fichtenspinner fängt an von den Bäumen herunterzukommen.

April. Der Kiefernspinner ist auf den Bäumen. Treten Hagelschauer bei abwechselnd schöner Witterung ein, so wird er oft heruntergeworfen, und ist man dann gleich bei der Hand, so kann das Durchtreiben starker, gedrängt gehender Schaafheerden vortheilhaft sein, auf dem Boden und an den Bäumen können viel getödtet werden. Mit den Raupengräben ist desto ernstlicher fortzufahren, je stärker der Raupenfraß zu werden droht, was jetzt mit Sicherheit zu beurtheilen ist. Die Raupen der Nonnen kriechen vollends aus, und ihre Gespinnste sind aufzusuchen. Die Blattwespe fängt an auszufliegen und es ist ihr jetzt wenig zu thun. Mit dem Suchen der Raupen, welche noch im Puppenstande sind, kann nöthigenfalls fortgefahren werden.

Mai. Da der Kiefernspinner bei großer Anzahl jetzt die abgefressenen Bäume verläßt, um frische aufzusuchen, müssen die Raupengräben beendigt sein. Auf dem Boden an den Bäumen kann er in Menge getödtet werden. Wo er noch in geringer Zahl ist, verräth ihn sein Koth Ende dieses und Anfang künftigen Monaths am deutlichsten. Anfang Mai findet man zuweilen die Nonne noch im Gespinnste. Ist dies nicht mehr der Fall, ist ihr wenig Abbruch in diesem Monathe zu thun. Gegen die Blattwespe kann ebenfalls wenig geschehen, so wie man auch erst Mitte des Monaths die Forleule bemerkt. Gegen diese beginnen nun alle in Vorschlag gebrachte, auf die Raupe anwendbare Mittel. Zur Vertilgung der übrigen Raupen kann wenig geschehen.

Juni. Mit Vertilgung der Raupen des Kiefernspinners und der Forleule wird fortgefahren. Auf das Ablesen der Schmetterlinge und Kokons des erstern ist die größte Aufmerksamkeit zu richten. Die von der Forleule befallenen Orte werden so stark als möglich mit Schweinen betrieben. Auch Enten würden nützlich sein. Fängt die Forleule an sich zu verpuppen, kann sie aufgesucht und gesammelt werden. Die Afterraupen sitzen klumpenweis zusammen, und man muß nach ihnen den Wald durchspähen. Die frühzeitige Nonne wandert von den gefressenen Bäumen, hin und wieder finden sich schon einzelne Puppen vor, welche abgelesen werden können. Die Raupe des Dämmrungsfalters wird in den Spitzen der Zweige bemerkbar, und ist durch Heraushauen derselben zu vertilgen.

Juli. Fortsetzung der Arbeiten des Juni, in so fern zu Ende desselben die Raupen des Spinners noch nicht ausgekrochen sind, im welchem Falle dieselben eingestellt werden müssen, um nicht unnützen Aufwand zu verursachen. Ist ein Ort von ihnen so mit Raupen oder Eiern angefüllt, daß man an seiner Rettung verzweifelt, so ist es besser, ihn durch Gräben einzuschließen, herunter zu hauen, das Holz zu schälen, und Zweige und Rinde zu verbrennen. Die Forleule kann mit Erfolg am Fuße der Stämme aufgesucht werden. Sorgfältige Aufmerksamkeit ist auf das Dasein vieler Puppen der Nonne und ihre Vertilgung zu wenden. Die Blattwespe zeigt sich im Forste stärker, und ist zu verfolgen. Eben so werden die Kiefern-Spannraupen bemerkbar. Ende des Monats auch die Raupen des Dämmrungsfalters. Die Schmetterlinge des Fichtenspinners zeigen sich.

August. Die Raupengräben sind fortzusetzen und zu erneuen, wo der Kiefernspinner seine Verheerungen fortsetzt. Außerdem ist jetzt wenig gegen hn zu thun. Das Aufsuchen der Forleule wird nur noch Anfangs des Monaths von Erfolg sein. Wo die Nonne vorzüglich Schaden thut, wird Ende des Monaths die Streu ausgerecht, um die am Boden klebenden Eier fortzuschaffen. Im Anfange desselben findet man gewöhnlich noch viel Schmetterlinge, welche gesammelt werden können. Die Afterraupe frißt am stärksten, und ihre Vertilgung dauert fort. Eben so zeigt sich die Kiefern-Spannraupe, und der Dämmrungsfalter deutlicher; der Fichtenspinner wird bemerbar.

September. Gegen den Kiefernspinner wie im vorigen Monathe; er kommt jetzt schon mehr zur Erde. Sobald unvermuthet Nachtfröste eintreten und die Raupe noch auf den Bäumen ist, erstarrt sie, eine leichte Erschütterung des Baumes wirft sie dann herunter. Ende des Monaths trifft man sie sehr oft unten am Stamme. Gegen die Forleule ist nur noch das Eintreiben der Schweine anwendbar. Die Nonne kömmt in Eiern und Puppen vor, auch zeigen sich wohl schon Raupengespinnste, welche gesucht werden müssen. Die Afterraupe frißt noch fort. Der Dämmrungsfalter sucht das Winterlager für die Puppe, der Fichtenspinner frißt stärker.

October. Der Kiefernspinner ist an den Bäumen zu tödten, auch wohl Ende des Monaths schon im Moose zu suchen. Das Ziehen der Raupengräben hört auf. Das Einhüthen der Schweine gegen die Forleule dauert ununterbrochen fort bis zum Fryhjahre. Das Suchen der Puppe der Blattwespe beginnt. Die Gespinnste der Nonne kommen in größerer Menge vor.

November. Bis Mitte des Monaths die Arbeiten des Octobers. Ende desselben die des Januars.

Dezember wie Januar.

Vom gemeinen Borkenkäfer.

Wir haben uns bisher nur mit den Vertilgungsmitteln der Kiefernraupen beschäftigt, aber auch der gemeine Borkenkäfer (Dermestes typographus, Linné) kann hier nicht übergangen werden. Theils hat er in Fichten gleich große Verheerungen angerichtet, wie die Raupen in Kiefern, theils zeigt sich bei ihm am deutlichsten, wie viel der Mensch zu thun vermag, um Insectenschaden zu verhüten. Der Erfolg der gegen ihn angewandten Mittel muß uns auffordern, gegen die Raupen gleich rastlos zu kämpfen, da er die Hoffnung giebt, auch hierbei zu siegen.

Der gemeine Borkenkäfer lebt in allem Nadelholze, doch ist er bisher nur allein den Fichtenwäldern verderblich geworden. — Seine letzten bekannten Verheerungen haben Ostpreußen betroffen. Es ist ein behaartes walzenförmiges Käferchen, 2 bis 2¼ Linie lang *). Der Kopf hat scharf gezähnelte Kinnbacken, länglich schwarzbraune Augen, kleine am Ende mit einer Keule versehene Fühlhörner, und steckt unter dem vorwärts gebogenen erhabenen Brustschilde, welches mit dem Kopfe fast so lang als der ganze übrige Leib ist. Die hohlpunktirten

*) Die Beschreibung nach Bechstein. Insectologie S. 175.

Flügeldecken werden nach hinten zu breiter, sind nach innen zu schräg abgestumpft, am Rande vier bis sechsmal unregelmäßig gezähnt, wodurch sie wie ausgefressen erscheinen und der Hinterleib vorsiehet. Die sechs Füße sind ziemlich dick und dornig, die Fußblätter fuchsroth. Unter der Rinde sieht der Käfer anfangs rostgelb aus, später bei dem Ausfliegen schwarzbraun. Die Flügeldecken sind am hellsten. Das Weibchen erkennt man am dickern hervorragenden Hinterleibe.

Die Larve oder Made wird 3 Linien lang, ist anfangs weiß, bekömmt aber bald einen gelblichen Kopf und röthlichen Rückenstreifen, hat scharfe Kinnbacken, sechs gelbliche Füße und einen runzlichen Leib. Die Nymphe oder Puppe ist anfangs weiß und weich, wird später gelblich und härter, hat beinahe die Gestalt des Käfers, jedoch bloße Anfänge von Flügeln und unter den Leib gezogene Füße.

Oekonomie.

Der Käfer erscheint nicht zu einer bestimmten Zeit, sondern kömmt in jeder Jahreszeit vor. Doch fliegt er im Mai und Juni am häufigsten aus. Mit Ende Oktober hört das Schwärmen auf, und was von Käfern überwintert, sucht sich an alten Stöcken und unter der Rinde trockner Stämme bis zum Frühjahre zu verbergen. Er liebt das Innere großer Wälder; Feldhölzer und solche Forsten, welche kein absterbendes Holz enthalten, vermeidend. Im mittelmäßigen Holze, welches noch nicht zu starke Rinde hat, hält er sich vorzüglich auf. Nach der Begattung bohren Männchen und Weibchen gemeinschaftlich ein Loch, sobald aber die Basthaut erreicht ist, gräbt das Weibchen allein weiter und legt in dem entstandenen Kanale an beiden Seiten 20 bis 60 Eier ab. Nach 14 Tagen kriecht bei gutem Wetter die Larve aus, frißt sich nach der Seite hin ein und zernagt die Safthaut in mannigfaltig gewundenen Gängen, wodurch der Baum getödtet wird. Ausgewachsen wählen sie sich eine Höhle und verpuppen sich. In 8 Wochen, vom Legen der Eier an, durchläuft der Borkenkäfer seine Verwandlungsstufen, und das ausgebildete Insect erscheint, so daß zwei Generationen in einem Sommer zu fürchten sind, wodurch sich die ungeheure rasche Vermehrung hinlänglich erklären läßt.

Vertilgungsmittel.

Wie bei den Raupen, so kömmt es auch hier darauf an, eine ungewöhnliche Vermehrung des bei geringer Anzahl wenig bemerkbaren Insects zu verhindern, dann aber auch die Gelegenheit zu dieser abzuschneiden.

Dies letztere geschiehet, wenn man kein absterbendes Holz duldet, worin sich der Käfer vermehren kann. Im gesunden Holze kann die Larve nicht leben, der Käfer wohl nicht einmal seine Eier ablegen, allein wenn er einmal im Uebermaße da ist, macht er das Holz durch das Anbohren und Durchnagen der Basthaut krank. Bei dem ersten Anfalle welchen er, aus Mangel an krankem Holze, auf gesundes wagt, wird er, sobald die Basthaut durchnagt ist, durch den hervorquillenden Saft verjagt, hören aber diese Anfälle von Tausenden von Insecten nicht auf, so wird der Baum bald in einen Zustand versetzt, worin er für die Aufnahme der Eier empfänglich ist. Wenige Käfer können dies nicht bewirken, wohl aber viele. —

So läßt es sich leicht erklären, wie man den Käfer in geringer Anzahl erhalten kann, sobald man alles absterbende, kranke Holz sorgfältig früh genug einschlägt, bevor es der Käfer brauchen kann. Nur diejenigen können sich fortpflanzen, welche noch an einzelnen kranken Stellen der Bäume, Stöcken u. s. w. Gelegenheit dazu finden. Fehlt das dazu geeignete Holz, so ist auch der Vermehrung Schranken gesetzt, so lange die Zahl nicht so groß wird, daß sie Bäume krank machen kann.

Gewöhnlich führt Windbruch, Schneebruch oder auf andere Art häufig absterbendes Holz, was nicht zur rechten Zeit eingeschlagen werden kann, Wurmtrockniß herbei, weil dadurch die Vermehrung des Borkenkäfers ungewöhnlich begünstigt wird. Der rasche Einschlag desselben, welcher wo möglich bis Anfang Mai beendigt sein muß, ist das erste Mittel sie zu verhüten. Aber selbst viel absterbendes Durchforstungsholz kann bei trocknen, warmen Sommern seine nachtheilige Vermehrung verursachen, das Liegenbleiben von ungeschälten Stämmen und Klötzen sie begünstigen. Dies alles ist möglichst zu vermeiden.

Vermehrt sich der Borkenkäfer in ungewöhnlicher Menge, so wird man ihn bald bei dem Anbohren von Stämmen finden. Das herausgenagte Rindenmehl am Fuße der Bäume, im Moose an denselben, bemerkbar, verräth ihn bald, die sichtbaren von ihm eingegrabenen Löcher, welche sich im Anfange mit Harz füllen, geben sein Dasein zu erkennen. Der ganze Wald muß sodann, vorzüglich im Mai und Juni, sorgfältig durchsucht werden, um alle beschädigte Bäume, welche bald schon von fern an ihren gelb werdenden Nadeln zu erkennen sind, zu fällen. Sobald dies geschehen ist, werden sie geschält, um die darin befindlichen Larven zu tödten. Dies wird bewirkt, indem man sie durch das Ablösen der Rinde frei legt, ohne daß man nöthig hätte diese zu verbrennen. Befinden sich jedoch schon viel vollkommen ausgebildete Käfer darunter, welche noch nicht fliegen können, so ist das Verbrennen der Rinde auf dem Platze, wo geschält ist, und das Zusammenrechen der Streu, in welche sich die Käfer verborgen haben können, nöthig.

Bemerkt man an windstillen Tagen Borkenkäfer in der Luft schwärmend, so ist es vortheilhaft, einige Bäume fällen und in der Rinde liegen zu lassen. Man nennt sie Fangbäume, weil der vorhandene Borkenkäfer sich bald in ihnen sammelt, und man Gelegenheit hat, die darin abgelegten Eier und entwickelten Larven durch Schälung der Stämme zu vernichten.

Durch diese einfachen Maaßregeln, vorzüglich aber die zu rechter Zeit erfolgende Aufarbeitung des eingehenden Holzes und des Windbruchs u. s. w., wird man alle Wurmtrockniß gewiß verhüten können, so wie denn am Harze seit Ergreifung derselben sich der Borkenkäfer ganz verloren zu haben scheint.

Von der Behandlung des durch die Waldinsecten beschädigten Holzes.

Vielleicht ist der Schaden, den die Kiefernraupen anrichten, nicht viel größer als der, welcher durch unzweckmäßige Behandlung des Holzes und Vernachläßigung der Maßregeln Raupenfraß weniger nachtheilig zu machen, entstehet. Das ganz junge, wenig benutzbare Holz läßt sich größtentheils schützen. Wird benutzbares Holz so beschädigt, daß es eingeschlagen werden muß, so darf man es nur nicht verderben lassen, um den Etat daraus für ein oder mehrere Jahre zu erfällen. Kann die Consumtion es aufnehmen, so ist der Schade dann nicht so sehr groß, da anderes an seiner Stelle stehen bleibt.

Wir wollen zuerst untersuchen: **Wann und zu welcher Zeit von Raupen beschädigtes Holz eingeschlagen werden muß?**

Nicht alles Holz stirbt ab, welches durch Raupen abgefressen wird. Sobald dies dann erst geschiehet, wenn die Spitzknospe für das folgende Jahr vollkommen ausgebildet ist, entwickelt diese gewöhnlich noch einen neuen Trieb, und der Baum erholt sich dann wieder. — Mehrere Raupengattungen fressen die Nadeln aber auch nur bis an die Scheide ab, so die Forleule, die Afterraupe, der Föhren-Spanner, der Dämmrungsfalter. Bei allen wo dies der Fall ist, entwickeln sich häufig wieder Knospen und neue Nadeln zwischen der Scheide der stehen gebliebenen Stumpfen. Darum tödten die Nonne und der Kiefernspinner die Kiefer weit mehr als jene Arten. Ob der Baum sich wieder erholen wird, hängt theils vom Alter, theils von der nachfolgenden Witterung ab. Altes Holz begrünt weit seltner von neuem, als junges. Sehr trockne Wittrung bringt vieles zum Absterben, was wohl wieder bei fruchtbarer grün geworden wäre.

Das Absterben des Baumes fängt immer von oben an. Zuerst wird der letzte Wipfeltrieb trocken, vorzüglich bei Stangenhölzern. Dies geschiehet in der Regel, und es ist deshalb das Eingehen des Baumes noch nicht ganz entschieden. Erst wenn die untern Seitenäste überall absterbende Spitzen von 2 Jahrestrieben bekommeu, ist wenig Rettung mehr zu erwarten. Man darf daher nur diese von Zeit zu Zeit untersuchen, um mit Wahrscheinlichkeit über die Erhaltung des Holzes zu urtheilen. Sobald die Basthaut bräunliche Flecken, später der Splint sogar bläuliche Punkte erhält, ist alle Aussicht dazu verschwunden, und das Holz muß schleunig eingeschlagen werden, wenn es nicht verderben soll.

Nur zu sehr eilt man oft mit dem Einschlagen, ehe man noch dazu genöthigt ist. Allerdings verliert das von Raupen durchfressene Holz immer am Zuwachse, viele Bäume gehen später noch ein, wenn sie sich auch im Anfange wieder erholen, die Bestände werden lückenhaft, das bleibende Holz wird für viele Jahre schlechtwüchsig, und sobald man das Holz gut absetzen kann, es mit Vortheil zu brauchen ist, so wird es rathsam, statt dessen lieber gesundes stehen zu lassen, und es so schleunig als möglich einzuschlagen. Selbst die Gefahr, durch das gänzliche Absterben auf dem Stamme einen noch größern Verlust zu erleiden, indem das darin befindliche Nutzholz verloren gehet, kann einen raschen Einschlag rechtfertigen. Wo der Raupenfraß dagegen jüngere Holzklassen trifft, welche jetzt wenig Ertrag geben, und deren Verlust für die Zukunft sehr empfindlich ist, wo wenig darauf ankömmt, ob es etwas mehr verdirbt, weil es doch nur schlechtes Brennholz giebt, da muß man zögern, bis der Einschlag sich als durchaus unvermeidlich zeigt. Selbst das kann ein zu schnelles gänzliches Herunterhauen nicht entschuldigen, wenn man bestimmt siehet, daß der Ort zu lückenhaft wird, um künftig erhalten werden zu können. Es ist schon viel gewonnen, wenn man den nachmaligen Einschlag nur auf mehrere Jahre vertheilen kann. In der zu großen Masse, welche mit einem Male bei Raupenfraße auf dem Markte kömmt, theils von der Consumtion gar nicht aufgenommen werden kann und eingeschlagen verdirbt, theils die Preise herunterdrückt, liegt vorzüglich sein Nachtheil. Auf dem Stamme stehet der für wenige Jahre wieder grün werdende Stamm besser, als er in der mit Kosten eingeschlagenen Klafter liegt und verdirbt. Wie wichtig ist es zugleich auf großen Flächen, welche so schnell nicht wieder aus der Hand angesäet werden können, wenigstens einige Samenbäume zu erhalten, Schutz und Schatten gegen die Sonne so viel als möglich nicht ganz zu verlieren.

Darum muß man alle Kennzeichen des gänzlichen Eingehens der Bäume sehr genau prüfen, bevor man sich zu ihrem Einschlagen entschließt. Zu diesen kann man noch das Aufhäufen des Saftes im Splinte rechnen; welcher das in Gährung übergehen deutlich durch seinen säuerlichen Geruch und Geschmack verräth, wie eine milchigte Substanz hervorspritzt, sobald man mit dem Rücken einer Axt auf einen augehauenen Schalm schlägt.

Der Einschlag des Holzes muß in folgender Ordnung erfolgen. Zuerst ist das Nutzholz heraus zu hauen, weil bei dessen Stehenbleiben der größte Verlust zu fürchten ist. Wenn die Nutzholzstämme zu der Zeit gehauen werden, wo sich das Eingehen derselben als entschieden zu zeigen anfängt, so ist es vollkommen zu jedem Gebrauche zu verwenden, wie unten näher gezeigt werden wird. Dem Nutzholze erst folgt das Brennholz. Bei dem Einschlagen ist die geschärfteste Aufsicht auf die Holzhauer nöthig, damit sie nur wirklich eingehendes Holz hauen. Da ihnen das Zusammenrücken des Holzes lästig fällt, so schlagen sie gern so viel auf einer Stelle nieder, als sie zu einer Klafter bedürfen, ohne sich um den Zustand des Holzes zu kümmern. Deshalb ist es hier nöthiger als je, jeden zum Einschlage bestimmten Baum durch den Förster zeichnen zu lassen.

Eine sehr wichtige Sorge der obern Behörde ist es, dahin zu sehen, daß bei einem starken Raupenfraße dasjenige, was auf einem Orte zu viel eingeschlagen werden muß, auf dem andern, wo dieser nicht statt findet, stehen bleibt, daß weniger Laubholz gehauen wird, wenn das Nadelholz nicht zu erhalten ist. Kaum wird es jedoch der Bemerkung bedürfen, daß sich dies nicht auf Reviere beziehen kann, welche in keiner Art Verbindung mit denen stehen, wo der Raupenfraß statt findet, sondern nur auf solche, welche für einen und denselben Zweck, oder für eine und dieselbe Gegend Holz liefern.

Es bleibt uns jetzt noch übrig, die Zugutemachung des Raupenholzes zu betrachten, um dessen Verderben zu verhindern. Dies entstehet, indem die rohen, im Holze aufsteigenden Säfte nicht mehr von den Blättern aufgenommen und verarbeitet werden können, sich im Stamme anhäufen, in Gährung und Fäulniß übergehen, und diese der Holzfaser mittheilen. Die ganze Aufmerksamkeit des Forstmannes muß deshalb darauf gerichtet sein, bevor dies geschehen kann, diese Säfte entweder rasch zum Verdunsten zu bringen, oder auszulaugen. Holz vom Raupenfraße herrührend, bei welchem diese Vorsicht zu rechter Zeit befolgt wurde, ist um nichts schlechter, als jedes andere im Sommer gehauene Holz. Die Erfahrung lehrt aber, daß Brennholz von Kiefern im Sommer gehauen und gut und rasch ausgetrocknet, um nichts schlechter ist, als das im Winter gehauene. Spalthölzer werden gewöhnlich im Sommer gearbeitet, Schnittnutzhölzer, als Bohlen, Bretter und Latten, welche leicht und vollständig austrocknen, verlieren in dieser Jahreszeit, gefällt und gleich verarbeitet, durchaus nichts an Güte, selbst das Bauholz scheint nur an Dauer zu leiden, wenn es nicht schnell trocknen kann, und nicht vollständig ausgetrocknet eingebauet wird. — Wir gründen darauf folgende Vorschriften hinsichts der Behandlung des Holzes bei dem Einschlage.

Bauholz und Brettklötze müssen sogleich bei dem Fällen geschält werden, um auf sonnigen Stellen schnell auszutrocknen. Wäre es möglich, sie in einen See zu bringen, um die Säfte dort auszulaugen, so würde dies unfehlbar die vortheilhafteste Art der Aufbewahrung sein, wobei kein Verderben zu fürchten ist, und das Schälen unnöthig wird. —

Ist das Holz auf dem Lande hinreichend getrocknet, so kann es im nächsten Winter auf Unterlagen in ein Depot, wo möglich auf luftige sonnige Stellen gebracht werden. Es wird daselbst mehrere Jahre vollkommen brauchbar bleiben.

Sollte viel Spaltholz gearbeitet werden können, z. B. Kiefern-Tannenholz, so daß die Spaltarbeiter mit dem nothwendigen Aufarbeiten des Holzes nicht zu folgen vermögen, bevor das Holz ganz abstirbt und verdirbt, so müssen die Bäume, welche solches geben, gefällt, so weit sie brauchbar sind ausgeschnitten und geschält werden. Es erschwert dies allerdings die Arbeit des Spalters etwas, indem sich trocknes Holz schwerer spalten und bearbeiten läßt, doch wird das Holz zu dieser Art der Benutzung dadurch nicht untauglich, und es ist die einzige Art, es dazu zu gute zu machen.

Das Brennholz muß alles so klar als möglich gespalten werden, selbst die Stangen und Knüppel, bei denen dies sonst nicht üblich ist. In der Rinde verdirbt es immer und verliert den größten Theil seiner Brenngüte. Ehe es in Klaftern gesetzt wird, läßt man es gern einige Tage einzeln auf der Sonne liegen. Die Klaftern selbst müssen auf Unterlagen kommen, auf luftigen sonnigen Stellen aufgesetzt werden. Bevor sie in dichten Reihen an den Ablagen aufgesetzt werden dürfen, muß das Holz ganz ausgetrocknet sein. Vorzüglich eignet sich das Raupenholz zum Flößen, und verliert dabei verhältnißmäßig weniger an Brenngüte, als jedes andere.

Sobald gar keine Aussicht zum Absatze großer Massen Brennholz, vorzüglich Knüppelholz ist, so bleibt die Verkohlung das einzige Mittel der Zugutemachung, sobald sich auch vielleicht erst in der Zukunft eine Aussicht zum Kohlenabsatze zeigt. Daß für große Verwaltungen es der letzte, nur im Nothfalle zu ergreifende Ausweg ist, für eigne Rechnung kohlen zu lassen, kann nicht bestritten werden. Die nicht unbeträchtlichen Kosten-Vorschüsse, der Verlust an Zinsen, der Mangel an Kontrolle bei dem Verkaufe, sprechen dagegen. Jedoch Kohlen sind es allein, welche sich ohne Nachtheil lange aufbewahren lassen, sie sind bei ihrem geringen Gewichte leichter und weiter zu transportiren, als das Holz, es kann selbst das schlechtere und schwache dazu verwandt werden. Das sind so überwiegende Gründe, daß man häufig es als vortheilhaft erklären muß.

Jetzt noch einige Worte über den Anbau der durch Raupenfraß entstandenen Blößen. — Je sandiger und trockner der Boden ist, desto mehr muß man sich beeilen, ihn wieder mit Holz zu decken. Wird das Holz rasch abgeräumt, so ist der Boden, wenn der Bestand einigermaßen geschlossen war, wund genug, um ihn ohne weiteres gleich besäen zu können. Zwei bis drei Pfund, ja sogar im Nothfalle Ein Pfund guter Samen, reichen dazu hin. Es ist hinreichend, denselben eineggen zu lassen; die Kultur ist eben so leicht und wohlfeil, als sicher. Läßt man den entblößten Boden längere Zeit liegen, so verflüchtigt sich der Humus, welchen er enthält, durch zu starke Einwirkung der Sonne und Luft sehr schnell — der Boden verliert seine Fruchtbarkeit. Er bedeckt sich mit nachtheiligen Forstunkräutern, die Kultur wird kostbar und unsicher. — Kann man nicht alle vorhandenen Blößen mit einemmale ansäen, so lasse man den lehmigen Boden zuletzt, wähle den zuerst, welcher dem Verluste seiner Fruchtbarkeit am mehrsten ausgesetzt ist, am ersten flüchtig zu werden drohet, bei welchen man durch die spätere Kultur am meisten verlieren kann. Aeltere Blößen, welche nicht mehr schlechter werden können, bleiben zweckmäßiger mit der Kultur zurück, als neu entstandene, bei denen noch Verlust zu fürchten ist.

Schluß.

Man hat vor dreißig und vierzig Jahren den Verheerungen der Raupen mehr Aufmerksamkeit geschenkt, als in der neuesten Zeit. Jedes, auch das abentheuerlichste Mittel wurde versucht — noch in den achtziger Jahren wurde ein Abentheurer von Staatswegen in die Forsten geschickt, um den von ihm entdeckten Raupenkönig aufzusuchen, nach dessen Tödtung die Raupen verschwinden sollten, wie der Bienenstock eingehet, der den Weisler verliert. Die angewandten Mittel entsprachen nicht, theils weil sie nichts taugten, theils weil man sie erst anwandte, wenn keines mehr helfen kann, d. h., wenn die Raupen in zu großer Menge da sind. Man sahe, die Raupen vergingen, wie sie kamen, ohne daß man von beiden wußte woher oder wohin. Da wurde man lässig. Man sahe es als ein unvermeidliches Uebel (oder auch als einen Glücksfall?) an, welches kömmt und aufhört, ohne Zuthun des Menschen. Die Kräfte desselben, um es zu verhüthen, schienen zu schwach, darum wandte man lieber sie gar nicht erst an! — Das ist aber ein tückischer — verderblicher Glaube. Das Uebel wächst — die Waldmassen mindern sich, die wir ihm aufopfern können, die Bedürfnisse aus ihnen mehren sich, und fordern dringend Anstalten, um ihre Erhaltung zu sichern. Ernst und Unermüdlichkeit dabei werden dringender als je, die Zeit der Trägheit und Gleichgültigkeit ist vorüber. Noch hat den vereinten Kräften der Menschen selten ein ähnliches Uebel widerstanden, auch dieses wird zu unterdrücken sein, sobald man sie nur vereint und richtig dazu anwendet.

Berlin, gedruckt bei August Petsch.

FSC
www.fsc.org
MIX
Papier | Fördert gute Waldnutzung
FSC® C083411

Zeitfracht Medien GmbH
Ferdinand-Jühlke-Straße 7
99095 Erfurt, Deutschland
produktsicherheit@kolibri360.de